美しき小さな
雑草の花図鑑

微距攝影の
野草之花
圖鑑

大作晃一 攝影
多田多惠子 文

放大百倍！
微觀足下野花野草的肌理、構造，學會辨識技巧

陳令嫻 譯

花兒在哪裡綻放……？

美麗又強韌的
小小野草

來觀察野草的
微小世界吧！

　　明明沒人種植卻擅自生長繁衍，給人們添麻煩——這種植物，我們通常稱為「野草」。

　　這些野草儘管多半生長在路旁或是庭院裡，與我們的生活圈共存，我們卻經常對其視而不見。野草的花朵不如園藝植物般醒目，又不像經濟作物能帶給人類益處。大家是不是覺得這些野草根本不值得一看呢？

　　其實只要停下腳步，伸出手捧起它們貼近一瞧，就會發現野草的小花竟然如此纖細又美麗，而且各領風騷，令人驚豔。這些野草就在我們身邊，堅強又勇敢地在角落生存，強韌的生命力為小小的花朵增添光彩。

好小好可愛的花朵！

形狀奇妙，顏色華麗！

寶蓋草（p.76）的花非常奇妙，居然站在葉子上！像不像在跟大家招手呀！？

附地菜（p.86）的花，大小不過 2mm 而已。莖和花蕾上都覆蓋著服貼的白色絨毛。

阿拉伯婆婆納（p.82）的藍色花朵直徑約 1cm，在原野上通知大家春天來了。

凡例

野草的日文俗名，也就是一般使用的日文植物名

大犬の陰嚢

阿拉伯婆婆納 ← 野草的中文俗名

Veronica persica

車前科婆婆納屬
♀ 3～5月 ✳ 冬型一年生草本植物
📏 5～20cm

本書所使用的學名是以日本 BG Plants 和名─學名索引 (YList) (http://ylist.info/ylist_simple_search. html) 中記載者為準

實際大小

展示花朵的
實際大小

♀ 大約的花期
✳ 野草的栽培方式
📏 長度或高度

在原野、公園或是自家院子裡找找看吧！

野草其實就在你我身邊，例如田地一帶、原野、路邊的草堆、公園的綠籬與草地上、院子或盆栽的角落。就連柏油路上的縫隙也能看到野草冒出頭、開出花來。

一起來找找野草吧！野草的花期也各自不同，四季都看得到花朵，例如春天綻放的是阿拉伯婆婆納，到了初夏則是綏草等等。每次出門觀察都教人期待今天又會遇上什麼花呢？

野草的種類也會隨區域而有所不同，尋找它們不妨時時更換地點，原野、路旁、公園或是院子瞧一瞧。反之，一直觀察相同地點則能察覺野草的成長過程與季節遞嬗帶來的變化。

遇上陌生的植物，可以拍照下來或是夾在報紙裡做成臘葉標本，再去問人或是查圖鑑。

讓我們一起出門走走吧！外頭有許多小花等著我們喔！

黄色的花朵

花瓣是由五瓣結
合成一片，所以
前端共有五個鋸
齒。看起來捲捲
的線是雌蕊。

一朵花
由許多小花
集合而成！

西洋蒲公英

西洋蒲公英

Taraxacum officinale

菊科蒲公英屬

☿ 3～11月　❋ 多年生草本植物

🌡 5～20cm

看起來像是一片花瓣其實是一朵花！

蒲公英的絨毛是變形的花萼，開花時就是絨毛了。

實際大小

花謝了之後看起來像一頂毛茸茸的帽子

一般菊科植物所見到的「一朵花」，其實是由許多小花所組成。蒲公英也是如此，每一片「花瓣」就是一朵小花。仔細觀察便可看到先端分成兩叉並捲曲的雌蕊，拔下一根雌蕊就等於摘下一顆種子。將來在乘風飛行時就能派上用場的白色絨毛，在開花的階段還非常柔軟，就像小嬰兒的胎毛。最近來自歐洲的西洋蒲公英不斷增加，日本原生的蒲公英反而難得一見了。

菊花近親大集合！

本節介紹的全是跟蒲公英極為相似的植物。大家都是菊科的成員，有著一朵朵小花聚集而成頂端的「頭花（頭狀花序）」。不過像歸像，還是各有特色喔！

頭花
直徑約1.5cm

頭花
直徑約1cm

頭花
直徑約2cm

苦菜
齒葉苦蕒菜
Ixeridium dentatum subsp. *dentatum*
菊科小苦蕒屬
♀5～7月 ✲多年生草本植物 ✐20～50cm

通常生長在鄉間的路旁，剪下葉子或莖會流出白色的苦澀汁液。花瓣稀疏，大約五～六片。花瓣多達七～十一片的是「大花齒葉苦蕒菜」，開白花的則是「白花齒葉苦蕒菜」。

莖上端的葉子抱莖，下方葉子葉緣深裂，各具特色。

小鬼田平子
稻槎菜
Lapsanastrum apogonoides
菊科稻槎菜屬
♀3～5月 ✲越冬草本植物 ✐4～10cm

日本春天的七草（譯註：日本人習慣在正月七日把七種蔬菜和野草煮成七菜粥食用，據說可以延年益壽、去病消災）之一。冬天葉子在地面匍匐生長，到了春天會開出黃色的花朵。矮小稻槎菜、黃鵪菜的花朵和稻槎菜很像。但是矮小稻槎菜的花朵比較小，葉子和莖斜立，黃鵪菜的莖則是直立著。

長在田裡的野草，近年由於受到農藥影響而變得罕見。

地縛
蔓苦蕒
Ixeris stolonifera
菊科苦蕒菜屬
♀4～7月 ✲多年生草本植物 ✐8～15cm

匍匐在路旁和堤防地面的小草，圓形的葉子很可愛。花莖細長，頂端有一到三個頭狀花序。類似的植物「沙灘苦蕒菜」葉子較為細長，形狀類似湯匙。

蔓苦蕒的日文名字叫「地縛」，因為莖看起來像是被綁在地上一樣。

頭花
直徑約2.5cm

頭花
直徑約4cm

頭花
直徑約2cm

顏剃菜
日本毛連菜
Picris hieracioides subsp. *japonica*
菊科毛連菜屬
♀5～10月 ❋越冬草本植物 ▰30～100cm

生長在鄉下的草地，冬天時葉子在地面匍匐生長，到了隔年春天便抬頭挺胸。莖和葉片上有硬毛，摸起來像是爸爸臉上沒刮乾淨的鬍碴。花朵會在晴朗的早晨綻放，到了下午便闔上。

豚菜
貓耳菊
Hypochaeris radicata
菊科貓耳菊屬
♀5～9月 ❋多年生草本植物 ▰30～50cm

貓耳菊的異名是「假蒲公英」，花朵和蒲公英極為相似，不過花莖有分支。來自歐洲，已經成為歸化種。貓菊耳的日文「豚菜」是貓耳菊法文「豬的沙拉」直譯而來，真是一點風情也沒有……。

野芥子
苦菜
Sonchus oleraceus
菊科苦苣菜屬
♀全年 ❋越冬草本植物 ▰50～100cm

苦菜的日文寫作「野芥子」。雖然名字裡有個芥字，卻是菊科植物。花期從春天一路延續到秋天，高度可以高達一公尺左右。花朵在晴朗的早晨綻放，到下午閤上。苦菜和近親「鬼苦苣菜」非常類似，不過鬼苦苣菜的葉子上有刺，碰到它會感到痛。

莖有許多分支，花朵長在各個分支的頂端。

葉片緊貼地面，只有花莖挺立。

鋸齒狀的葉子抱莖，切開會流出白色汁液。

母子草

鼠麴草

Pseudognaphalium affine

菊科鼠麴草屬

♀ 3～6月、9～10月

✳一年生或越冬草本植物 ✐15～40cm

實際大小

黃色的頭花是由許多小花組成

一個頭狀花序的模樣，在中間的是體型較大的兩性花，外側是雌花。

剛開花的鼠麴草。多數的頭狀花序都集中在莖的頂端。

華麗的是「媽媽」
樸素的是「爸爸」

粉紅色的頭花裡有許多小花

米色的總苞層層保護粉紅色的頭狀花序。

鼠麴草是日本春天七草之一，所以眾所皆知。相形之下，父子草的名氣就小多了。鼠麴草的日文是「母子草」，父子草的日文也是「父子草」，名字成對的這兩種植物都是菊科的近親。媽媽長在路旁或農地，綻放搶眼的黃色花朵；爸爸則長在草地上，褐色的模樣低調樸素。

一個頭狀花序是由位於中心的星形兩性花和位於外側的小雌花聚集而成。葉子和莖上滿是白毛，尤其媽媽摸起來像是軟呼呼的毛毯。爸爸佇立的模樣有點像高山薄雪草，兩者的確是近親。

父子草
父子草
Euchiton japonicus

菊科鼠麴草屬
♀ 5～10月 ✿ 多年生草本植物
📏 5～20cm

實際大小

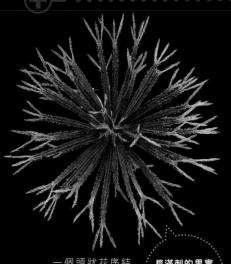

一個頭狀花序結果之後就變成滿是帶刺的果實。

長滿刺的果實一旦被黏住了就甩不開！！

花謝了就變得跟栗子外殼一樣都是刺

小栒檀草

白花鬼針

Bidens pilosa var. *pilosa*

菊科鬼針草屬

♀ 8～11月 ✳ 一年生草本植物
📏 50～110cm

實際大小

一根管子是一朵花

管狀花聚集在一起像是一把花束。

來自熱帶美洲，果實滿是尖銳的利刺，會緊緊黏在衣服上。不過花朵意外地可愛，是由黃色的星形花（管狀花）排列成半球體，像是一把金黃色的花束。

白花鬼針雖然名稱有白花二字，頭花卻全是黃色。花束外圍裝飾一圈白色花瓣（舌狀花）的變種叫做小白花鬼針（台灣通稱小花咸豐草）。

有些植株的外圍會有白色小花

俯視管狀花像是
繁星點點。

傳播的工具是以黏液
直接傳播整朵花

綠色的觸手像
不像海星？

黏答答的總苞片環繞
著頂端的黃色頭狀花
序。中間的是管狀
花，花瓣張開的是舌
狀花，兩者都很快就
會結果。

小豨薟

毛梗豨薟

Sigesbeckia glabrescens

菊科豨薟屬

♀ 9～10月　✳ 一年生草本植物

📏 35～100cm

實際大小

中心是黃色管狀花，管狀花旁邊的是舌狀花，花瓣前端有三道淺淺的裂痕。四周有好幾根凸出的綠色觸手，是葉子變形而成的總苞片。長觸手有五根，與短觸手交疊。總苞片上長了許多分泌黏液的圓頭腺毛。當種子（瘦果）成熟時一不小心碰到總苞片，便會輕易脫落，連同種子（瘦果）一同黏在人類或是動物身上，將種子（瘦果）傳播到遠方。

圍繞在花旁邊的是一堆黏呼呼的苞片

花朵跟近親腺梗豨薟幾乎一模一樣，兩者都長在郊外山區的路旁。

總苞片的內側看得到種子（瘦果）

種子（瘦果）會附著在衣服上。相較於蒼耳是利用堅硬的刺附著，毛梗豨薟和近親「腺梗豨薟」則是利用黏液。

每一片花瓣的
基部都相連著

從花朵上方俯視。中間
是雌蕊，花瓣的基部每
一片都各自相連著。

長在庭院或是路旁的小草，莖沿著地面匍匐生長，嬌小的花朵和果實長在葉腋。黃色的花朵是由五裂的花冠、五片花萼和五根雄蕊排列成放射狀。莖上密密麻麻都是絨毛，連葉片和花萼也都毛茸茸的。日文名稱小茄子並不是說它是茄子的近親，只是跟花萼連在一起的圓形果實令古人聯想到茄子。其實小茄的果實只有三公分大。從前的人居然注意得到這麼小的果實長得跟茄子相像，觀察力實在太驚人了！

可愛小巧的果實像不像茄子啊!?

好多毛！

從花朵下方仰視會看到短短的花梗。莖和葉子上有很多毛，摸起來毛茸茸的。

我長得像茄子嗎？

小茄子
小茄
Lysimachia japonica

報春花科珍珠菜屬
♀ 5～10月　❋ 多年生草本植物
📏 2～20cm

實際大小

名字裡雖然有個茄字，卻不是茄子的近親。

月見草（待宵草）近親大集合！

月見草要「等到傍晚」之後才開花，因而得名。花朵到了早上便凋零枯萎，只會綻放一夜。這些植物來自美洲大陸，當初是當作園藝植物引進日本，卻變成外來物種。剛冒出頭時葉子緊貼地面，成長後便會長出直立的莖來，在月光下綻放淡黃色的花朵。花瓣共四片，下方看起來像是花梗的部分是細長的花冠筒，裡面是甘甜的花蜜。花朵在黑暗中散發誘人的甜蜜香氣，吸引夜晚四處飛舞的蛾類來協助授粉結果。

小待宵草
裂葉月見草
Oenothera laciniata
柳葉菜科待宵草屬
♀ 5～10月 ✱ 二年生草本植物 📏 10～50㎝
在海岸或是河邊的沙地上匍匐生長，葉子邊緣呈鋸齒狀。花朵枯萎時會變成紅色。

雌待宵草
月見草
Oenothera biennis
柳葉菜科待宵草屬
♀ 6～9月 ✱ 二年生草本植物 📏 50～150㎝
在空地或河灘上生長一整片，莖直立。一日落便開花。

月見草的近親產生花粉之際會一併分泌有黏液的細線，由蛾類把花粉成串帶走。

待宵草
待宵草
Oenothera stricta

柳葉菜科待宵草屬

♀ 5〜8月 ✿ 二年生草本植物 ✎ 50〜100cm

最早傳入日本的種類，現在反而變得很
少見。葉子細長，花朵大，枯萎時會變
成紅色。

大待宵草
黃花月見草
Oenothera glazioviana

柳葉菜科待宵草屬

♀ 7〜9月 ✿ 二年生草本植物 ✎ 80〜150cm

花朵直徑長達8〜10cm，非常醒目。偶
爾會在海邊或河灘看見它的蹤影，有些
人家會種在院子裡。

仔細看花心！

雄蕊分成長短各五根，中央黃綠色的部分是雌蕊，先端分歧成五根。

寶石般的花朵
打動人心

出現在庭院角落或是草地上的可愛心形小草就是酢漿草。葉子三片一組，到了晚上便闔上休息。有些植株是綠色葉子，有些卻是紅色的。這是因為每棵植株裡含有的紅色素「花青素」分量不同，就像人類也不是每個人的髮色都一樣。葉子紅色的植株，花朵也會出現紅色的斑紋。花朵中心是先端分歧成五根的雌蕊和十根雄蕊，雄蕊的長短不一。用放大鏡觀察會發現跟寶石一樣美麗。花照到日光後會綻放約四小時；天氣不好的時候，會闔上一整天。果實依序成熟後，一觸碰它，裡面的種子就會彈出來。

果實形狀乍看之下跟秋葵很像。一摸果實，裡面的種子就會一顆顆彈出來。

傍喰
酢漿草
Oxalis corniculata

酢漿草科酢漿草屬
♀ 4～10月　✳ 多年生草本植物
📏 10～30cm

莖在地面匍匐橫向延伸。

實際大小

到了晚上，花跟葉子也要休息～

注意花瓣重疊的部分！

紅色葉子的種類（學名為「Oxalis corniculata f. rubrifolia」，與酢漿草仍屬同種）連花朵中央也有紅色條紋。

捲曲的雄蕊
一共有二十根

由外向內依
序是萼片、花瓣、雄
蕊、雌蕊（較多者）。
雌蕊排列在半球體的底座上。

長在路旁的小草，花朵跟果實都像童話《白雪公主》裡的小矮人一樣小巧可愛。紅色的果實和近親「草莓」一樣，都是膨脹的花托（假果，也就是食用的部份）表面長滿了一顆顆果實（以為是種子的部分）。仔細觀察花朵會發現位於中央的半球體長滿雌蕊。這些雌蕊之後會成為果實。花瓣是心形，下方有兩層花萼支撐花朵。這些花萼之後會形成類似草莓的「蒂」。

蛇莓

台灣蛇莓

Potentilla hebiichigo

薔薇科委陵菜屬

♀ 4～6月　✳ 多年生草本植物

🌡 3～10cm

實際大小

仔細觀察花朵正中央！

那就是果實成熟之前的模樣！

一顆顆突起
是小果實

中間凹凸不平的黃色圓球之後會變成果實！

花萼有兩層，萼片的外圍還有一圈副萼。

假果沒有毒性，但是也不好吃，口感像是乾癟的海綿。

25

掉下一個個零餘子，
繁衍出新植株

子持ち万年草

珠芽佛甲草

Sedum bulbiferum

景天科佛甲草屬

♀ 5～6月 ✽ 多年生草本植物
📏 6～20cm

實際大小

雖然會開花，
卻不會結果……

長在路旁的小型多肉植物，非常耐
旱，拔掉也不會枯萎，所以日本人
叫它「子持ち万年草」（帶子萬年
草）。所謂「帶子」，是因為珠芽佛
甲草的繁衍方式是從葉腋長出零餘子
（由數片葉子形成），零餘子掉落地
面又長成一棵新的植株。花朵像是閃
閃發亮的星星，卻不會結果也長不出
種子。用零餘子繁殖便代表每一棵新
植株都是與親本植株具有相同基因、
相同外表的複製個體，因此環境出現
變化時無法演化適應。而它的花朵其
實已經沒有任何功用，卻不曾退化，
依舊持續綻放。

莖和葉片「肉
質」，莖在地面
上匍匐延伸。

成為下一代的
小葉子

花謝之後，零餘子掉落
地面，長出根來。

**花瓣、萼片和
雄蕊整齊排列**

萼片、花瓣、雄蕊與雌
蕊排列成的形狀像是星
星。儘管排列得如此美
麗，卻不會結果。

27

別名「金鳳花」。花瓣亮晶晶的

兩者的特徵都是花瓣閃閃發亮

毛茛的日文除了「馬の足形」，又寫作「金鳳花」。「馬の足形」指的是單瓣的毛茛，「金鳳花」指的是多瓣的毛茛。多瓣的植株是因為雄蕊也變成花瓣了。

馬の足形
毛茛
Ranunculus japonicus

毛茛科毛茛屬
♀4～6月 ❋多年生草本植物
📏30～70cm

實際大小

果實也充滿光澤。

狐の牡丹
鉤柱毛茛
Ranunculus silerifolius var. *glaber*

毛茛科毛茛屬

♀ 4～7月 ✳ 多年生草本植物

📏 15～80cm

實際大小

黃色的花瓣用
來吸引昆蟲

鉤柱毛茛的
特徵是花瓣
細長。

這兩種植物都生長於郊外山區的路旁，特徵是花瓣散發類似琺瑯的光澤。這是因為花瓣表面下的細胞層含有澱粉並能反射光線。花朵中心是一群雄蕊包圍蜷縮的雌蕊。每一根雌蕊會長成一顆果實，形成像是星星糖（金平糖）的集合果。花朵雖然很可愛，卻都帶有毒性。放牧的草地等區域經常可見這兩種毛茛大片生長著，動物們都不想去吃。

鉤柱毛茛的果實
上帶鉤刺。

花朵的構造

花朵各部位的名稱

以下用油菜花說明花朵的
構造和名稱。

＊ 雌蕊

柱頭

雌蕊的一部份，負責
接收花粉。

花柱

雌蕊的一部分，連結
柱頭和子房。

子房

位於雌蕊底部，
受粉之後便會發
育為果實，長出
種子。

＊ 雄蕊

花藥

位於雄蕊頂端的
袋狀部位，裡面
有花粉。

花絲

雄蕊的一部份，
支撐花藥。

蜜腺

分泌花蜜的部
位。有些花沒
有蜜腺，不會
分泌花蜜。

雌蕊 ＊

植物的雌性
器官。受粉
之後，雌蕊
的底部會發
育成果實。

雄蕊 ＊

植物的雄性器
官。頂端是被
稱作「花藥」
的部位，負責
製造花粉。

花瓣

決定花朵形狀
與顏色的重要
部位，功能是
吸引昆蟲。

萼片

位於花瓣外側，
功用是支撐和保
護花朵。

花梗

支撐花朵的柄
狀構造。

油菜

花朵通常由萼片、花瓣、雌蕊
和雄蕊所組成，這些部位排列在同
心圓上。雌蕊的柱頭碰到雄蕊製造
的花粉，也就是受粉之後，雌蕊底
部的子房會膨脹成為果實，果實裡
長出負責繁衍下一代的種子。

花朵的基本器官在演化過程中
出現各種變化，琳瑯滿目。例如有
些花朵把花瓣黏在一起或是改變形
狀，形成像是立體拼圖的複雜結
構。

為了吸引以花蜜、花粉為主食

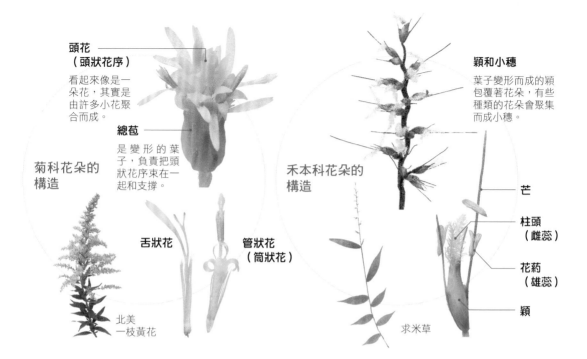

頭花（頭狀花序）
看起來像是一朵花,其實是由許多小花聚合而成。

總苞
是變形的葉子,負責把頭狀花序束在一起和支撐。

菊科花朵的構造

舌狀花

管狀花（筒狀花）

北美
一枝黃花

穎和小穗
葉子變形而成的穎包覆著花朵,有些種類的花朵會聚集而成小穗。

禾本科花朵的構造

芒

柱頭（雌蕊）

花藥（雄蕊）

穎

求米草

的昆蟲,花朵配合這些昆蟲進行多元演化。例如豆科植物的花朵便是在花蜂出現後開始演化。花形變得立體,還增加了機關,得按下特定的部位才進得去。

　　菊科植物的花朵則是朝不同方向演化。看起來像是一朵大花的部位其實是由許多小花聚集而成。這種結構叫做頭狀花序,類似人類世界的公司。每一朵小花相當於員工,公司業務分為公關宣傳與種子生產兩大部門,大家各司其職。

　　花朵的形狀更是形形色色,例如風媒花是利用風力傳播花粉。風無欲無求,自然不需要費力在宣傳誘導上。禾本科的植物有一個叫做「穎」的部位,是由葉片變形硬化所形成。穎包覆著花朵,露出會隨風搖曳的雄蕊和雌蕊。雌蕊為了增加表面積,形成像金蔥條的形狀。部分植物的穎片前端會形成尖銳的「芒」,避免富含營養的穀粒遭到動物食用,穀粒要鑽進地面時,芒還能成為鑽頭。

01 野草綻放花朵的庭院

　　回想我之所以對野草野花有興趣，是始於家中的院子。小時候我常常在院子裡摘花摘草以及尋找昆蟲，那裡充滿了無窮無盡的寶物。

　　家中的小院子除了家人種植的樹木花草之外，還有許多野草和昆蟲等生物。花蜂、花虻和蝴蝶的近親前來吸花蜜，巨大的蟾蜍、蟻蛛、卡氏地蛛、螳螂都是長期棲息於院子裡的居民。

　　由於院子裡有昆蟲和青蛙，我們不使用農業等化學藥劑。出現蚜蟲時，花虻的幼蟲和瓢蟲會負責消滅牠們；出現蝴蝶或蛾的幼蟲時，長腳蜂和日本山雀也會登門造訪。雖然我家位於都市一角，卻也建立起生態系統，形成食物鏈。

　　野草是維護庭院不可或缺的重要配角。雖然大家的目光通常都在美麗的花朵上流連，其實野草代替這些美麗的花朵，遭受昆蟲啃食；包覆樹木根部，維持土壤保濕，保持樹木健康。野草同時也是小孩玩扮家家酒、玩花草以及做勞作的好材料。

　　雖然擱著野草不管會長得愈來愈茂盛，不過只要透過適度拔除修剪，就能控制在一定範圍。讓這些野草成為院子裡的一份子，春天便能看到繁縷和台灣蛇莓帶來明亮的綠意與可愛的花朵，在初夏時分欣賞魚腥草以及夏天早晨的鴨跖草，睫穗蓼和金線草則可在賞月時增添情趣。小小的野草隨著四季更迭帶來美景。

　　我追逐野草的人生，便是始於綻放著花朵的小小庭院。

白色的花朵

藪虱

竊衣

Torilis japonica

繖形科竊衣屬

♀ 6～7月 ❋ 越冬草本植物

📏 30～70cm

實際大小

花朵像是白色蕾絲，
果實上有細毛

繖形科植物的花朵都是由小花聚集排列成圓形，遠遠就看得到它們的美麗圖形。甲蟲、花虻與蒼蠅等各類昆蟲都受到白色的花朵吸引，紛紛前來。繖形科植物的另一個特徵是一朵花會結出兩顆果實。竊衣的果實也是兩顆一組，表面有很多刺。果實在盛夏時分成熟後，黏在人類或動物身上，傳播到遠方。近親「紫花竊衣」是在春天開花，花朵和果實的梗都比竊衣長。

開出許多令人憐愛的花朵！

小花聚集而成幾何學的碎形結構，向昆蟲招手。

即將結果時會長滿細毛！

結果時細毛會變成小刺，讓果實附著在人類或是動物身上。

波浪狀的花瓣
像是蕾絲一樣

心形花瓣一共有五
片，外側的花瓣稍
微大一點。雄蕊一
共五根，花朵綻放
之後會向內折疊。

春紫苑

春飛蓬

Erigeron philadelphicus

菊科飛蓬屬

♀ 4～6月 ❋ 多年生草本植物

🌡 30～100cm

實際大小

分不出來的時候就把莖切開來看剖面。中空的是春飛蓬；滿是白色組織的是白頂飛蓬。

春飛蓬的莖是中空的！

白頂飛蓬的莖裡塞了滿滿的白色組織！

相似到得靠莖才能分辨

春飛蓬的頭狀花序，有些植株會略帶粉紅色。

白頂飛蓬的頭狀
花序是純白色。

兩者都是來自北美的歸化種植物，
同樣都是菊科飛蓬屬，花形極為相
似。外圍白色的舌狀花負責吸引昆
蟲前來，中心是黃色的管狀花，
裡面有很多花蜜。不過春飛蓬是多
年生草本植物，白頂飛蓬則是一年
生或是越冬草本植物。此外，花季
（春飛蓬主要是春天，白頂飛蓬是
從夏天開始）、葉序（春飛蓬是基
部抱莖）、莖的剖面（春飛蓬是中
空）、花蕾（春飛蓬略帶粉紅色，
彎曲垂下）也都不一樣。

姬女苑
白頂飛蓬
Erigeron annuus

菊科飛蓬屬

♀ 6～10月 ✽ 一年生或越冬草本植物
📏 30～130cm

實際大小

直徑5mm的
精緻花束

外側是皇冠形狀的
白色舌狀花，內側
是黃色的星形管狀
花。許多小花聚集
在一起，由外朝內
綻放。

花朵做成的
勳章！

看起來像花瓣，其實是一朵花

這也是一朵花

白色的是舌狀花，黃色的是管狀花，兩者都會結果。

花序梗和莖上長滿黏黏的絨毛。

這是來自美洲大陸的野草，經常出現在市區滿是灰塵的路旁。花序梗和莖上都有黏答答的絨毛，所以總是一副蓬頭垢面的樣子。俗話說鶴立雞群，拿起放大鏡觀察這種樸素低調的野草，會發現黃色花朵聚集而成的花束四周有一圈白色的裝飾，就像用金線繡成的華麗勳章！花謝結果之後，瘦果上的白色絨毛像是新娘手上的捧花，再度令人驚豔。

毛茸茸的花束！

瘦果上有白色絨毛，能隨風飛舞。

掃溜菊

粗毛小米菊

Galinsoga quadriradiata

菊科小米菊屬

♀ 6～10月 ✿ 一年生草本植物

📏 10～60cm

實際大小

一朵花長成一顆瘦果，一個頭狀花序上就有這麼多瘦果喔！

翻過來的花瓣
像是白裙子

白英全身上下都佈滿會分泌黏液的細毛，摸了之後手指就會變得黏黏的。

褐色的部分是雄蕊的花藥

白英是攀緣植物，會攀爬在草叢或欄杆上。鳥類吃下它的紅色果實，把種子帶到遠方，因此在住宅區也會看到它的蹤影。日文寫作「鵯上戶」正是因為棕耳鵯喜歡它的果實。初秋綻放的花朵十分可愛，翻過來的白色花瓣上點綴了褐色的雄蕊。雄蕊的花藥頂端有個小洞，昆蟲前來時，振動的翅膀造成花藥震動，順勢把花藥裡的花粉震出來。藤蔓則是藉由纏繞葉柄、把黏答答的身體靠在其他植物上，可一路攀爬到三公尺高的地方。

鵯上戶
白英
Solanum lyratum

茄科茄屬

♀ 8～9月　✳ 多年生草本植物

🗡 攀緣植物

實際大小

同一根枝條上有的葉子邊緣完整，有的分裂。

紅色的果實簡直就像小番茄

花藥前端有小洞！

由下往上仰視花朵。五根花藥頂端各有兩個洞，花瓣上的斑點是吸引昆蟲朝花蜜前進的導航。

41

花朵意外地美麗。
花瓣共五片，有十
根雄蕊。雌蕊裡分
成十個空間，頂端
是粉紅色，負責接
收花粉。

南瓜馬車大變身

花朵由上往下，依序綻放。

雌蕊的痕跡！

成熟之後變成黑色的果實，裡面是紫紅色的汁液和十顆種子。

洋種山牛蒡
美洲商陸
Phytolacca americana

商陸科商陸屬

♀ 6～9月　✳ 多年生草本植物

📏 100～180cm

放大

別名：洋商陸

來自北美大陸的大型野草，根十分粗。日文寫作「洋種山牛蒡」，但是跟菊科的牛蒡一點關係也沒有，而且它其實整棵有毒不可食用。果實在成熟時會變成黑色，成串的果實像是葡萄。壓扁果實會流出紫紅色的汁液，因此英文叫「墨汁莓（inkberry）」。仔細觀察白色花朵會發現雌蕊長得很像南瓜，裡面分成十個空間。隨著果實成長，隔間逐漸液化消失，最後形成一顆果實。每顆果實裡一定有十顆種子。

雄花裡聳立
的雄蕊

雄花裡有八根突起的雄蕊，雌蕊退化變短，不會結果。花粉傳播完畢，雄花便立刻凋謝。花穗形狀像一條直線。

分布地區廣泛，從山林到市區都能看到虎杖的蹤影。莖和葉子都含有草酸，吃起來酸酸的。花季從夏天到秋天，白色的小花在下垂枝條的葉腋形成花穗。花穗分為雄株和雌株，花蕊很醒目的是雄花。雄株和雌株的形狀也不太一樣，雄株的花穗是白色呈一直線，雌株的花穗有分支、比較細，而且經常出現紅色的雌花。雌花和雄花看起來像花瓣的部分都是花萼，雌株的花萼在花謝了之後還會留下三片萼片包覆果實，成為朝三個方向凸出的扁平翅膀。

虎杖

虎杖

Fallopia japonica var. *japonica*

蓼科何首烏屬

♀ 7～10月　❋ 多年生草本植物

📏 50～150cm

雌花裡是半透明的雌蕊，帶有光澤

這是雌株的花，微微露出半透明的雌蕊，四周是退化變短的雄蕊。前端尖尖的花萼之後會成為種子的翅膀。

小花組成的花穗

分為雄花穗和雌花穗

雌株的花穗結果的模樣。三片萼片包覆果實，成為三角形的翅膀。雌株的花穗有分支，到了秋末會變成白色且乾燥。

有些雌株是紅色的。

白色的小花
是春天七草之一

繁縷

疏花繁縷

Stellaria neglecta

石竹科繁縷屬

♀ 3～11月　✹ 一年生或越冬草本植物

▯ 10～30cm

實際大小

別名：綠繁縷

花瓣看起來有
十片，其實只
有五片

學名是源自拉丁文的
「星星」，星狀的花
朵與其説是一等星，
不如説是亮晶晶的小
星星。

生長在庭院或路旁的小草。古人把
疏花繁縷當作春天七草之一食用，
也會拿來餵小鳥。花瓣一共五片，
卻因為是從基部一分為二，看起來
像十片。雄蕊和雌蕊能自花授粉，
無須昆蟲幫忙。這正是野草獨特的
繁衍秘訣。

照片中的葉子和莖都是鮮豔的綠
色，因此日本人又叫它「綠繁
縷」。另外也有莖略帶紅色的種
類，不過一般不會特別區分。

粉紅色的花藥
收藏花粉

雌蕊柱頭分歧成三根,
花瓣像是兔子耳朵。

蚤の綴り
無心菜
Arenaria serpyllifolia

石竹科無心菜屬

♀ 3～6月 ✱ 一年生或越冬草本植物 📏 10～25cm

無心菜嬌小的葉子長在纖細的莖上，古代日本人想像這是跳蚤的衣服，所以把無心菜叫做「蚤の綴り」。照片裡的莖和葉子上都有黏黏的毛，是近來日本各地日益增加的入侵物種。

生長在路旁乾燥的地方，花瓣上沒有裂痕。

繁縷近親大集合！

其實我們身邊處處都是繁縷屬（p46-47）的小花。
本節介紹春天時分在路旁綻放的石竹科花朵，這些可愛的小花就像掉落在地面的白色小星星。

牛繁縷
鵝兒腸
Stellaria aquatica

石竹科繁縷屬

♀ 4～10月 ✱ 越冬草本植物 📏 20～50cm

雖然跟疏花繁縷一樣都是繁縷屬，莖、葉片和高度都勝過疏花繁縷。花朵和疏花繁縷一樣，五片花瓣因為裂縫很深，看起來像十片。雌蕊的柱頭分歧成五根。

經常出現於農村的路旁。莖的單邊有毛。

爪草
瓜槌草

Sagina japonica

石竹科瓜槌草屬

♀ 3～7月 ✳ 一年生或越冬草本植物 📏 2～20cm

生長在庭院或路旁的小草，遭到踐踏也堅忍不拔，綻放小巧的花朵。種子便是經由踐踏傳播。細長的新月形葉子看起來像是剪過的指甲，所以日文叫「爪草」。花瓣是可愛的雞蛋形。

雄蕊共五根或十根，雌蕊的柱頭分歧成五根。

耳菜草
狹葉卷耳

Cerastium fontanum subsp. *vulgare* var. *angustifolium*

石竹科卷耳屬

♀ 4～6月 ✳ 越冬草本植物 📏 15～30cm

葉片和莖上有許多稀疏的小毛，摸起來有點黏黏的。花瓣和花萼的長度相同，前端和櫻花一樣有裂痕。最近狹葉卷耳的數量因為外來種球序卷耳增加而減少。

經常出現於郊外山區。深紫色的莖直立。

和蘭耳菜草
球序卷耳

Cerastium glomeratum

石竹科卷耳屬

♀ 4～5月 ✳ 越冬草本植物 📏 10～45cm

球序卷耳和日本原生種的狹葉卷耳長得很像，但球序卷耳的花梗比較短，集中在莖的上端，花萼的長度也只有花瓣的一半。葉子是褪色的淡綠色，摸起來黏黏的。大家在市區街頭看到的卷耳幾乎都是球序卷耳。

十根雄蕊排列成圓形，令人聯想到時鐘的數字盤。

讓人不禁想撫摸的白色小花

花朵好可愛！花蜜也像在發光！

十字形的花朵裡有六根雄蕊，包圍著最後會變成心形果實的雌蕊。雄蕊的位置分別是正中央四根，角落兩根。

心形的果實裡塞滿了種子。

小小的愛心躲在
花瓣裡面。

花蕾依序綻放！

薺
薺（薺菜）

Capsella bursa-pastoris

十字花科薺菜屬

♀ 3～6月 ❀ 越冬草本植物

📏 10～50cm

實際大小

薺的日文名稱由來之一據說是「值得玩賞的菜」。匍匐在地面忍耐寒冬，到了初春綻放可愛的花朵。莖筆直朝天，花朵從莖的頂端依序綻放。薺等十字花科的植物，花萼和花瓣都是四片，雄蕊則是四根長的加上兩根短的，合計六根。薺的四根雄蕊等到花朵即將凋謝時會自行靠近雌蕊，進行自花授粉，長出心形的果實。這是小花的床笫小祕密。

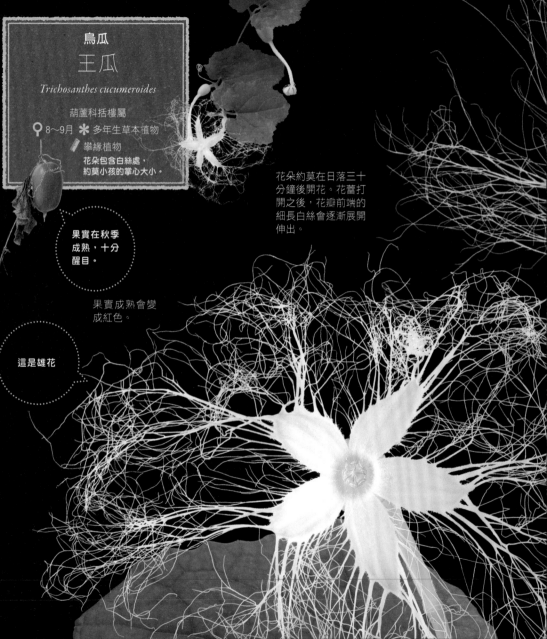

烏瓜
王瓜
Trichosanthes cucumeroides

葫蘆科括樓屬

♀ 8～9月 ✴ 多年生草本植物

🗡 攀緣植物

花朵包含白絲處，
約莫小孩的掌心大小。

花朵約莫在日落三十
分鐘後開花。花蕾打
開之後，花瓣前端的
細長白絲會逐漸展開
伸出。

果實在秋季
成熟，十分
醒目。

果實成熟會變
成紅色。

這是雄花

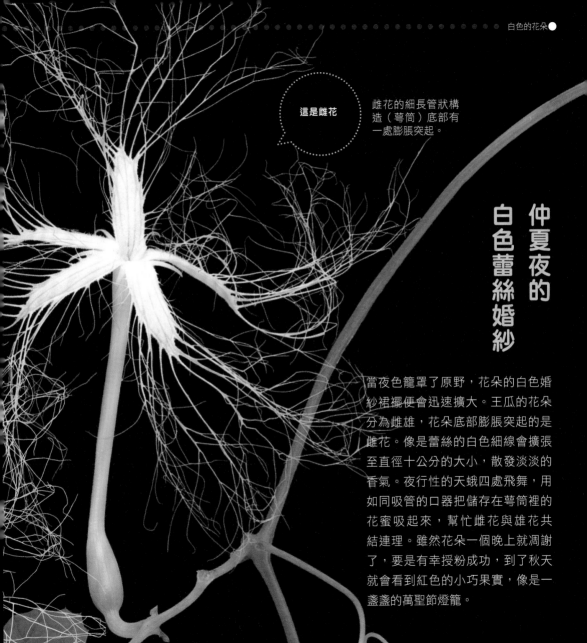

這是雌花

雌花的細長管狀構造（萼筒）底部有一處膨脹突起。

仲夏夜的白色蕾絲婚紗

當夜色籠罩了原野，花朵的白色婚紗裙襬便會迅速擴大。王瓜的花朵分為雌雄，花朵底部膨脹突起的是雌花。像是蕾絲的白色細線會擴張至直徑十公分的大小，散發淡淡的香氣。夜行性的天蛾四處飛舞，用如同吸管的口器把儲存在萼筒裡的花蜜吸起來，幫忙雌花與雄花共結連理。雖然花朵一個晚上就凋謝了，要是有幸授粉成功，到了秋天就會看到紅色的小巧果實，像是一盞盞的萬聖節燈籠。

花蕾彷彿從中心不斷湧出，依序綻放，甜蜜的香氣散發舒緩的氣息。

找到四葉幸運草了！

白詰草

菽草

Trifolium repens

豆科三葉草屬

♀ 5～8月　✿ 多年生草本植物

📏 5～15cm

實際大小

別名：
白花苜蓿

真想摘下來玩一玩
原野上的小白球

側面長這個樣子，果然有點像蝴蝶？

花朵正面像不像蝴蝶呢？

花謝了便往下垂。

原野上出現一顆顆小球，吸引人伸出手摘下，編成花冠。這是來自歐洲的牧草，經常出現於草地或路旁。原本就習慣遭到踐踏，因此花莖十分強韌。小球是由數十朵小花群聚而成，花開了便逐漸往下垂，花蕾陸續綻放。花蜜藏在花朵的機關裡面，蜜蜂和熊蜂等昆蟲才懂得如何巧妙打開花瓣，吸食花蜜。喝了花蜜的回禮是幫忙搬運花粉。

常綠多年生草本植物，生長在院子角落或是石牆上。圓形的葉子厚實，表面有紅色或是白色的斑點。到了夏天會長出花莖，綻放白色的花朵。花形類似「火」字，上方有三片花瓣，下方則是兩片。上方的花瓣有紅色或是黃色的斑點，下方的花瓣垂掛搖曳，加上十根放射狀的雄蕊形成美麗的造型。當小型蜜蜂抓著垂下的花瓣吸食花蜜時，這種花形正適合利用蜜蜂傳送花粉。

雪の下
虎耳草
Saxifraga stolonifera

虎耳草科虎耳草屬
♀ 5〜6月 ✳ 多年生草本植物
📏 20〜50cm

實際大小

從根部冒出細瘦的莖，像是絲線。

下面兩片花瓣向前翹起

有些植株的花瓣樸素

花梗細瘦，蜜蜂一停在花上便向下彎。

葉子的斑紋或是背面是白色的植株，花瓣不會有紅點。

三片華麗的
花瓣！

特徵是紅色與黃色的
斑點。雌蕊分歧成兩
根，底部黃色的部分
分泌花蜜。雄蕊會依
序產出花粉。

紅色與黃色的斑點
充滿魅力

凸出的部分有
甘甜的花蜜

個頭小歸小，卻是漂
亮又能幹喔！這麼一
丁點大的花裡也有儲
藏花蜜的罐子，用來
吸引昆蟲。

看起來像是
花瓣的地方
其實是萼片

花朵和葉子都很小巧的
美麗野草，容易被人忽略

姬烏頭

天葵

Semiaquilegia adoxoides

毛茛科天葵屬

♀ 3～5月　✳ 多年生草本植物

🖊 10～30cm

原寸大

鄉下路旁和綠地經常可見天葵的小花，稱之為野草並不為過。細長的莖頂端是低著頭的花朵，近距離觀察就會發現它原來很漂亮！

花朵與近親「樓斗菜」相似，以為是花瓣的部位其實是五片萼片，內側五片淡黃色的組織才是真的花瓣。花瓣底端有小小的突起，是儲藏花蜜的蜜壺（專業名稱為「距」）。此蕊有三到四根，果實長得像三葉草。

果實成熟了
就會打開

葉子和中
藥的烏頭
有點像。

種子長約1mm，
從打開的果實裡
掉出來。

楚楚可憐的雄花
和樸素的雌花形成對比

雌花長在靠近枝條
基部的位置，花
瓣比雄花細長，紅
色部分較深，加上
多半呈現有點萎縮
的模樣，不是很醒
目。

有點萎縮的
雌花

美麗的雄花
充滿透明感

生長在花壇或綠籬的野草，小小的葉片規規矩矩地排列在枝條上，葉子下方滿是渾圓的果實，就像把橘子縮小成芝麻的尺寸！仔細觀察還能發現直徑不過1.5mm的白色小花！枝條的前端是雄花，基部是雌花。用放大鏡觀察可以發現雌花比較細長偏紅。不過因為它們實在都太小了，光用肉眼看只看得到一些小點。然而小歸小，還是能分泌出大量的花蜜，吸引螞蟻大排長龍。

枝條的前端是成排的雄花。花朵綻放之後便能看到醒目的黃色雄蕊，雄蕊底部有蜜腺，會分泌大量花蜜。

直徑約3mm的果實無論是顏色還是凹凸的表面都令人聯想到橘子，難怪日文叫「小蜜柑草」。

從莖的側面探頭一瞧，果實就能看得一清二楚！

小蜜柑草
疣果葉下珠
Phyllanthus lepidocarpus

葉下珠科油柑屬
♀ 7～10月 ✳ 一年生草本植物
📏 10～40cm

實物大　　實物大

也有觀賞用的品種，有些國家會當作香草生吃。

蕺草
蕺菜（魚腥草）
Houttuynia cordata

三白草科蕺菜屬

♀ 5～7月 ✳多年生草本植物

📏 15～50cm

有些花是華麗的重瓣！

實際大小

以前是重要的藥草，隨手便能取得，現在卻成為典型的野草。在日照不充足的庭院中也能健康茁壯，強烈的氣味往往遭人厭惡。但是仔細觀察，心形的葉子和十字形的白色花朵也能教人眼睛一亮。看起來像是花瓣的部分其實是總苞，由白化的葉子變形而成。小花集中於中央，由下往上，依序綻放。實際的花朵構造簡單，沒有花瓣，只有雌蕊和三根雄蕊。黃色的花藥告知昆蟲這裡有好吃的花蜜。

這樣是一朵花

所謂的花朵只有雌蕊
和雄蕊，沒有花瓣和
萼片。雄蕊有三根；
白色的部分是雌蕊的
柱頭，分歧成三根。

看起來像花
瓣的部分其
實是葉子？

看起來像是小
小的花瓣，其
實是四片葉子
白化又變形所
形成的總苞。

63

花朵是昆蟲的餐館

日本鐵線蓮

關東蒲公英

夏枯草

來者不拒，
廣納天下食客！

這種花以人類的餐館來譬喻，就是歡迎闔家光臨的大眾食堂。花朵門戶大開，易於著陸，無論誰到訪都吃得到花蜜和花粉。

只有身手靈活的
昆蟲才吃得到

這種花把花蜜和花粉藏起來，只有符合條件的昆蟲才能進去享用。例如花蜂便能鑽進去或是撬開花朵進門去。

花朵之於昆蟲就像餐館之於人類，只是花朵提供的大餐是花蜜和花粉；告知顧客這裡有得吃的不是靠招牌，而是美麗的花瓣和誘人的香氣。

人類世界的餐館從大眾食堂到只歡迎熟客的高級餐廳，應有盡有。花朵也是一樣。

例如花朵抬頭仰天，花蜜和花粉都能看得一清二楚的就是植物界的大眾食堂，有些則是大量的小花朝上並匯集成一個大美食區。黃色和白色的花朵人見人愛，所以上門光臨的從花虻、蒼蠅、花金龜等甲蟲，到小型蝶類與蜜蜂，形形色色，無所不有。每位客人能幫忙搬運的花粉數量不多，所以走的是薄利多銷、強調翻桌率的策略。

至於花形立體，朝下或是左右綻放的就是植物界的高級餐廳了。

歡迎自備吸管的客人！

這種花相當於昆蟲界的雞尾酒吧，上門的都是蝴蝶或蛾類。因為花蜜裝在細長的管子裡，只有自備吸管的客人才喝得到。

海州常山

紅花石蒜

百脈根

蠅子草（日本種）

　　從外頭看不清楚餐館內部，門口還有機關，得身體懸空或是鑽過狹窄的通道才進得去。造訪這種花朵的都是動作敏捷的熊蜂和蜜蜂等花蜂的近親。這些昆蟲會成為熱心的常客，經常在相同種類的花朵之間來來回回，搬運花粉的效率高。這類花朵的花瓣往往是紫色，是為了迎合常客的喜好。它們選擇的策略是只熱情招待常客，徹底排除其他顧客。

　　蝴蝶和蛾類的近親口器細長，很像吸管。因此有些花朵把花蜜放在細長的管子裡，等待自備吸管的客人大駕光臨。鳳蝶體型大，且與其他昆蟲不同的是牠們看得見紅色，所以吸引鳳蝶的花朵多半穿一身喜氣，打扮得很華麗。至於想要吸引夜行性蛾類的花朵則是在夜間綻放，用白色的花瓣和強烈的香氣凸顯自己。

⑫ 玩賞方式無窮無盡！

　　多久沒在天氣晴朗的日子去郊外玩耍了呢？摘下菽草編成花冠，尋找象徵幸運的四葉草，將蒲公英的種子通通吹掉，把車前草的花莖繞在一起玩相撲，用野草玩扮家家酒，接著再吹個笛子⋯⋯連指尖都感受到當年玩耍時的觸感。

　　從前的人們也會用野草玩耍，例如剪掉蒲公英莖的兩頭，把細的那一頭壓扁就能當作笛子；或是剪開莖的兩頭，泡一下水，捲起來之後把棒子穿過去，就變成風車了（也能當作水車玩）！找到結果的薺菜時，捏住果實稍微撕開、但不撕斷莖，果實便會搖搖晃晃地掛在莖上，用玩波浪鼓的方式轉動它，會發出可愛的聲響。

　　過去的野草遊戲有時也會反映在植物的名字上。例如把紫花地丁和伏莖紫菫的花繞在一起，兩個人分別從兩頭拔，花斷掉的人就輸了。這個遊戲把紫花地丁叫做「太郎」，伏莖紫菫叫做「次郎」，所以伏莖紫菫（刻葉紫菫的近親）的日文寫作「次郎坊延胡索」。舉辦觀察會時帶大家玩這個遊戲，氣氛往往會很熱烈——上次玩是太郎贏了。順帶一提，只用紫花地丁也能玩。

　　我回想自己念小學時在山林中徘徊，尋找植物或是蒐集了一堆菇類回家，有時也會冒險溯溪或是用樹枝做弓，把當作箭的樹枝射向遠方。其實，現在我在做的事情，跟小時候也差不多啊！

藍色與紫色的花朵

細線般的花朵
擠在一起

小花由外往內依序綻放。這棵植
株外側的花已經開了好一陣子，
內側是剛開的花與花蕾。

搶眼的薊類植物，尖刺非常銳利

全身長刺的薊類植物中就屬翼薊是最強大的武裝部隊。這是新來的外來種，繁殖力強大，三兩下就占據了空地和路旁的空間。由於尖刺非常銳利，許多地方政府都呼籲大家要清除翼薊。花蕾長得像河豚，由許多小花聚集而成半球體，上面平均有二～三百朵小花，最多可以長到五百朵。花朵像細長的絲線，其貌不揚。可是這條線卻能讓種子成為空降部隊，飛向遠方，擴大地盤。

亞米利加鬼薊

翼薊

Cirsium vulgare

菊科薊屬

♀ 6～9月　✳ 多年生草本植物

📏 50～100cm

實際大小

這樣是一朵花

都是刺！

翼薊的異名是「歐洲薊」，由此可知起源地是歐洲。從莖、葉片到總苞，全部都長滿刺。

這是日本原生的薊類植物「薊」，生長在郊區的原野。

桔梗草

穿葉異檐花

Triodanis perfoliata

桔梗科異檐花屬

♀ 5～7月 ✳ 一年生草本植物

▮ 20～80cm

實際大小

開滿花朵的小小桔梗

類似秋天七草之一的桔梗，小花分層陸續綻放。原產地是北美，當初引進是為了觀賞，結果就這麼在日本各地住了下來。仔細觀察可愛的花朵就會發現其實不是從頭到尾都一個模樣。剛綻放時，雌蕊柱頭關閉，之後才會打開來變成三叉。這是為了避免自花授粉和積極接收昆蟲帶來其他植株的花粉，以免近親交配。

雌蕊的柱頭⋯⋯

打開來變三叉！

雄蕊一開花便會產出花粉，雌蕊在這個階段還不會打開柱頭。等到花粉都沒了，雌蕊才會打開柱頭迎接其他植株的花粉。

花朵長在葉腋或是莖的頂端。

長得跟桔梗
一模一樣！

有時候等不到開花就枯萎
了。這是因為有些是花蕾
直接結果的閉鎖花，閉鎖
花有三片萼片。

柳花笠

柳葉馬鞭草

Verbena bonariensis

馬鞭草科馬鞭草屬

♀ 7～9月　❋ 多年生草本植物

🪮 100～150cm

實際大小

把小花綁成花束
送給蝴蝶當禮物

小花匯集而
成的花束

許多小花探出身子，
呼喚蝴蝶來訪。打開
的花瓣不但是吸引蝴
蝶的標示，也是蝴蝶
著陸時的踩腳墊。

細長的莖前端是可愛的花束。這是要獻給誰呢？仔細觀察每一朵花就會發現花朵形狀細長，就像裝了花蜜的試管。不過喝得到花蜜的只有口器呈吸管狀的蝴蝶，回禮是幫忙搬運花粉，所以這是獻給蝴蝶的花束。原產地在南美，經常出現於路旁或河灘。相似的近親「狹葉馬鞭草」也是馬鞭草屬，不過管狀部分比較短。

這樣是一朵花

花瓣下方是直徑1mm，長度約1cm的細長管子，甘甜的花蜜就儲藏在這裡。

花朵的正面。花朵有上下之分，管子內側都是絨毛。

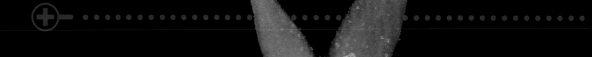

昆蟲可以沿著黃色的路標走進去

在田埂上綻放出一片花毯

通泉草的正面。花蜜在最後方。雄蕊是兩組四根，從上唇的兩側延伸出來，在花的頂端相連。

常磐はぜ

通泉草

Mazus pumilus

通泉草科通泉草屬

♀ 4～11月 ❋ 一年生草本植物

📏 5～20cm

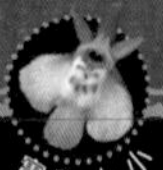

實際大小

下唇有絨毛，絨毛的頂端是小圓球。這也是誘導昆蟲的小機關。

紫鷺苔

匍莖通泉草

Mazus miquelii

通泉草科通泉草屬

♀ 4～5月 ❋ 多年生草本植物

📏 3～15cm

實際大小

花蜜在花朵深處！

這兩種通泉草的花朵十分相似。花瓣都是淡紫色，兩小片在上，三大片在下。下方的花瓣上有紅色的斑點。朝花朵飛來的昆蟲停在下方的花瓣上，就會受到紅色斑點誘導，走進位於深處的房間品嘗花蜜。匍莖通泉草的花朵比通泉草大兩倍，顏色也更為鮮豔。兩者的特性也有些不同。通泉草生長在庭院或路旁，莖直立，花期從春季到秋季。匍莖通泉草生長在田埂或是濕潤的草地，在地面匍匐延伸。花季是春天，花朵緊貼地面。

匍莖通泉草的花稍微豐滿一點。

雌蕊的柱頭如同嘴唇，上下開闔，一遭到碰觸便關起來。這也是促使昆蟲幫忙搬運花粉的小心機。

仏の座

寶蓋草

Lamium amplexicaule

唇形科野芝麻屬

♀ 3～6月 ✹ 越冬草本植物

📏 10～30cm

實際大小

花朵聳立在綠
色的底座上

這是閉鎖花！

花朵和花蕾聳立在半
圓形的無柄葉片上。
部分花蕾是閉鎖花，
當缺乏光線時會全部
變成閉鎖花。

這兩種可愛的唇形科植物都是早春時分開花。寶蓋草的花長二公分，摘下來吸吸看會發現花蜜非常甜。一般吸得到寶蓋草花蜜的是口器細長的花蜂和蜂虻，不過牠們很少造訪。花瓣分為上下唇，下唇是昆蟲歇腳的地方，雄蕊和雌蕊躲在上唇後方。看起來像是細長花蕾的部位其實是花瓣不發達的閉鎖花，確保沒有昆蟲來訪也能結果。圓齒野芝麻是十九世紀末期從歐洲引進日本，粉紅色的花朵從毛茸茸的葉子之間冒出頭來。寶蓋草和圓齒野芝麻的花朵正面幾乎一模一樣，只是圓齒野芝麻花朵的大小是寶蓋草的一半，只有一公分，蜜蜂也吸得到花蜜，而且沒有閉鎖花。

從葉子的底座
探出粉紅色的花

從紅色的葉
子之間開出
花來！

圓齒野芝麻的葉子
呈心形，葉有柄，
長滿柔軟的絨毛。
莖上端的葉子則是
紫紅色。

每一朵小花
是管狀！

姬踊り子草
圓齒野芝麻
Lamium purpureum

唇形科野芝麻屬

♀ 4～5 月 ✳越冬草本植物

📏 10～25cm

實際大小

藤蔓從石牆的
縫隙鑽出來

蔦葉海蘭
鋸鈸花
Cymbalaria muralis

車前科蔓柳穿魚屬
♀ 4～11月 ❀ 多年生草本植物
📏 2～5 cm

實際大小 別名：蔓柳穿魚、
小兔子花

葉子長得像圓扇，莖
像藤蔓一樣匍匐延
伸。鋸鈸花是園藝植
物「柳穿魚（柳穿魚
屬）」的近親。

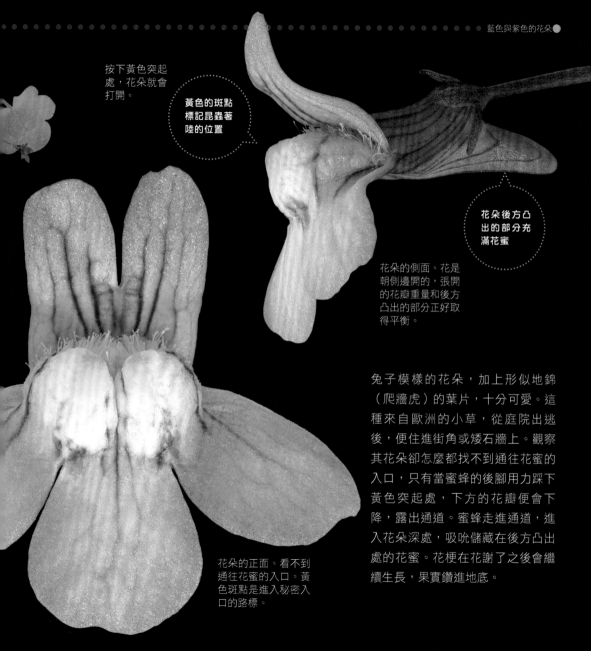

按下黃色突起
處，花朵就會
打開。

黃色的斑點
標記昆蟲著
陸的位置

花朵後方凸
出的部分充
滿花蜜

花朵的側面。花是
朝側邊開的，張開
的花瓣重量和後方
凸出的部分正好取
得平衡。

兔子模樣的花朵，加上形似地錦
（爬牆虎）的葉片，十分可愛。這
種來自歐洲的小草，從庭院出逃
後，便住進街角或矮石牆上。觀察
其花朵卻怎麼都找不到通往花蜜的
入口，只有當蜜蜂的後腳用力踩下
黃色突起處，下方的花瓣便會下
降，露出通道。蜜蜂走進通道，進
入花朵深處，吸吮儲藏在後方凸出
處的花蜜。花梗在花謝了之後會繼
續生長，果實鑽進地底。

花朵的正面。看不到
通往花蜜的入口。黃
色斑點是進入秘密入
口的路標。

藍豬耳

Lindernia crustacea

母草科母草屬

♀8～10月 ✲一年生草本植物 ⬭5～20cm

生長於田地或公園的小型野草，花
朵長度約莫5mm。花色是漸層的紫
色，十分美麗。窺視花朵內部會發
現雄蕊長短各一對，沿著上唇在中
央對接的模樣像是在握手。

包覆在花萼裡的
果實長得
跟瓜很像！

唇形科花朵大集合！

唇形科植物的花朵原本一共有五片花瓣，其中兩片合併為上唇，剩下來的三
片合併為下唇。花形立體有深度，從外面看不見花蜜或花粉。對於能搬運大
量花粉的昆蟲極盡款待之能事，至於搬運效率差的昆蟲則是一開始就抱定主
意讓牠們進不來。唇形科的花朵顏色多半為紫色也是為了迎合蜜蜂的喜好。

古代日本人把毛茸茸的
花穗看作狐狸尾巴，
所以爵床的日文是
「狐の孫」。
不過也許真的是狐狸
變成草了也說不定？

狐の孫

爵床

Justicia procumbens

爵床科爵床屬

♀8～10月 ✲一年生草本植物 ⬭10～40cm

毛茸茸的花穗縫隙中冒出一朵又一朵的
粉紅色小花，寬大的下唇方便昆蟲著
陸，白色斑點指示著通往花蜜的道路。
小型蜜蜂和灰蝶會造訪。

金瘡小草
匐伏筋骨草
Ajuga decumbens

實際大小

唇形科筋骨草屬

♀ 3～5月 ✽ 多年生草本植物 ▬ 5～15cm

仔細觀察會發現花朵裡有祕密入口，香甜的花蜜就藏在裡面。當昆蟲來到這裡準備吃花蜜時，雌蕊跟四根雄蕊會虎視眈眈地在最上層瞄準這些訪客。

別名：散血草、白尾蜈蚣

莖葉緊貼地面，看起來像是個蓋子，所以日文的別名是「地獄大鍋的蓋子」

聞起來有香草的氣味，做成天婦羅很好吃！

垣通し
金錢薄荷

Glechoma hederacea subsp. *grandis*

唇形科金錢薄荷屬

♀ 4～5月 ✽ 多年生草本植物 ▬ 5～25cm

在草叢與路旁能看到一大片金錢薄荷，花朵綻放時十分美麗。花朵長度約二公分，花瓣上有斑點，花朵內部是空心的方便蜜蜂進入。等到花季終了，莖便在地面上匍匐生長。

看起來像是四
片花瓣，但花
瓣兩兩相連

兩根雄蕊彷彿一對藍眼
睛，整朵花看起來像人
臉。仔細觀察，每朵花不
盡相同，各有各的特色。

大犬の陰囊

阿拉伯婆婆納

Veronica persica

車前科婆婆納屬

♀ 3～5月 ✳ 越冬草本植物

📏 5～20cm

實際大小

日文名稱不是源自可愛的花朵、
而是果實

像不像
「蛋蛋」？

成對的渾圓果實令人
聯想到「蛋蛋」，所
以日文寫作「大犬の
陰囊」。

阿拉伯婆婆納的花朵就像仰望天空的一雙藍眼睛。這種小草是在十九世紀末期從歐洲傳入日本，現在成群出現在鄉間路旁或草地上。花季在春天，被日出的陽光照暖後開花，到了傍晚便闔上。花朵的壽命大概二至三天，凋謝時會整朵花掉下來。花瓣看起來有四片，其實底部都連在一起。花朵有上下之分，開花時顏色淡、尺寸小的花瓣在下方。昆蟲來訪是為了花蜜。花蜜堆積在花朵中央毛茸茸的部位。

實際大小

尖刺都很銳利的「壞」茄子！

惡茄子
北美刺龍葵
Solanum carolinense

茄科茄屬

♀ 6～10月　✲ 多年生草本植物

✏ 50～100cm

**說是小茄子
不如說是小
西瓜？**

剛結果時是綠底
黑直條紋，到
了秋天成熟會變
成黃色（照片幾
乎與實物相同大
小）。

莖和葉子上都是銳利的尖刺，一不
小心碰到便會痛到不行。這是來自
北美的歸化種野草，因為是茄子的
近親，又會對人類造成危害，所以
日文寫作「惡茄子」。花朵也和茄
子很像，紫色的花瓣搭配黃色的雄
蕊，形成美麗的對比色。有趣的是
雄蕊頂端有小洞，花粉卻因為洞太
小而出不來。聰明的蜜蜂會停在花
上，利用特定的頻率振動翅膀，帶
動雄蕊一起震動，收集灑出來的花
粉。

**莖和葉子
也都是刺！**

不僅尖刺銳利、繁
殖力強，還含有毒
素「龍葵鹼」，讓
農夫和牧場老闆一
個頭兩個大。

雄蕊前端
有個洞

像黃色小圓筒的是
雄蕊，花粉從小洞
傳播出去。

淡藍色和深黃色形成美麗的對比！

花的形狀和顏色與同屬紫草科的勿忘草幾乎一模一樣，中央有黃色突起，告知昆蟲這裡是通往花蜜的入口。

胡瓜草

附地菜

Trigonotis peduncularis

紫草科附地草屬

♀ 3～5月 ✱ 越冬草本植物

▭ 15～30cm

實物大小

別名：地胡椒

花莖頂端捲曲

剛開始縮成一團，等到要凋謝時就完全伸直了。

清純的藍色花朵
散發小黃瓜的氣味

淡藍色的花朵令人聯想到《愛麗絲夢遊仙境》。一般生長在光線充足的路旁或是公園等地，搓揉葉子會聞到小黃瓜的味道。花朵小歸小，長得跟勿忘草很像，都是淡藍色的花瓣中間有深黃色的突起和開口。朝開口看去會看到雄蕊和雌蕊。來取附地菜花蜜的都是口器細小的小型蜜蜂近親。冒出花朵的方式也很有趣，花莖頂端原本縮成一團，在伸直的過程中漸次開出一朵朵的花來。

花莖和花萼上都是柔軟的白毛。

87

紫色的花朵
楚楚可憐，
花蜜與花瓣
維持絕妙的平衡

後方凸出的部分是保管花蜜的倉庫

從側面看花朵，像是懸掛在花梗上。

菫

紫花地丁

Viola mandshurica

菫菜科菫菜屬

♀ 3～6月　✳ 多年生草本植物

📏 5～15cm

實際大小

紫花地丁是日本菫菜類植物中最具代表性的種類。生長在郊區的原野或路旁，有時也會在都市的道路縫隙中冒出深紫色的花朵。花朵朝側邊綻放，花瓣共五片。花朵背後有個像天狗的鼻子（狀似茄子）的突起處，是下方的花瓣朝後方延伸，長成一個袋狀物（蜜距），裡面裝了花蜜。花梗在花瓣與袋子中間，控制兩者平衡。夏季之後出現花蕾，但不會開花，以閉鎖花的型態長出種子。

**顏色和形狀
都很美！**

喜歡來拜訪的是花蜂
和蜂蝱。沿著下方花
瓣上的線條前進就能
走到餐館的入口，守
門的雌蕊和雄蕊正在
等待各位大駕光臨。

**紫花堇菜是
經常可見的
堇菜之一**

紫花堇菜的特徵是花朵
呈淡紫色，紫色的斑點
散發成熟的氣息。

自備巧妙的機關，
得按下
特定的位置
才打得開

中間的花瓣
裡躲著雄蕊
與雌蕊

下方的花瓣
是昆蟲著陸
的地方

花朵完全是封閉的狀態，
按下中間的花瓣才能進去
裡面享用花蜜。

小花聚集而成花穗，
有些植株偏白。

紫華鬘
刻葉紫菫
Corydalis incisa

罌粟科紫菫屬

♀ 4～6月　✳ 越冬草本植物

▯ 20～50cm

實際大小

花朵的正面。花瓣分別是上下兩片和左右兩片。左右兩片的花瓣朝中間延伸對接，模樣恰似人在握手。

刻葉紫菫的花朵裡隱藏了巧妙的陷阱。花瓣一共有四片，分別是上下兩片大花瓣和左右兩片朝中間延伸的花瓣。昆蟲想要享用的花蜜躲在花瓣後方突起的部分。想吃到花蜜就得用力按下在中間連結的兩片花瓣，按下的瞬間不但會看到通往花蜜的通道，躲在裡面的雄蕊和雌蕊也會彈出來，把花粉沾到蜜蜂身上。

最深處最顯眼的雄蕊其實是假的！

中間的雄蕊兼具實用與裝飾

最樸素的雄蕊充滿花粉

美麗的花朵半天就凋謝了

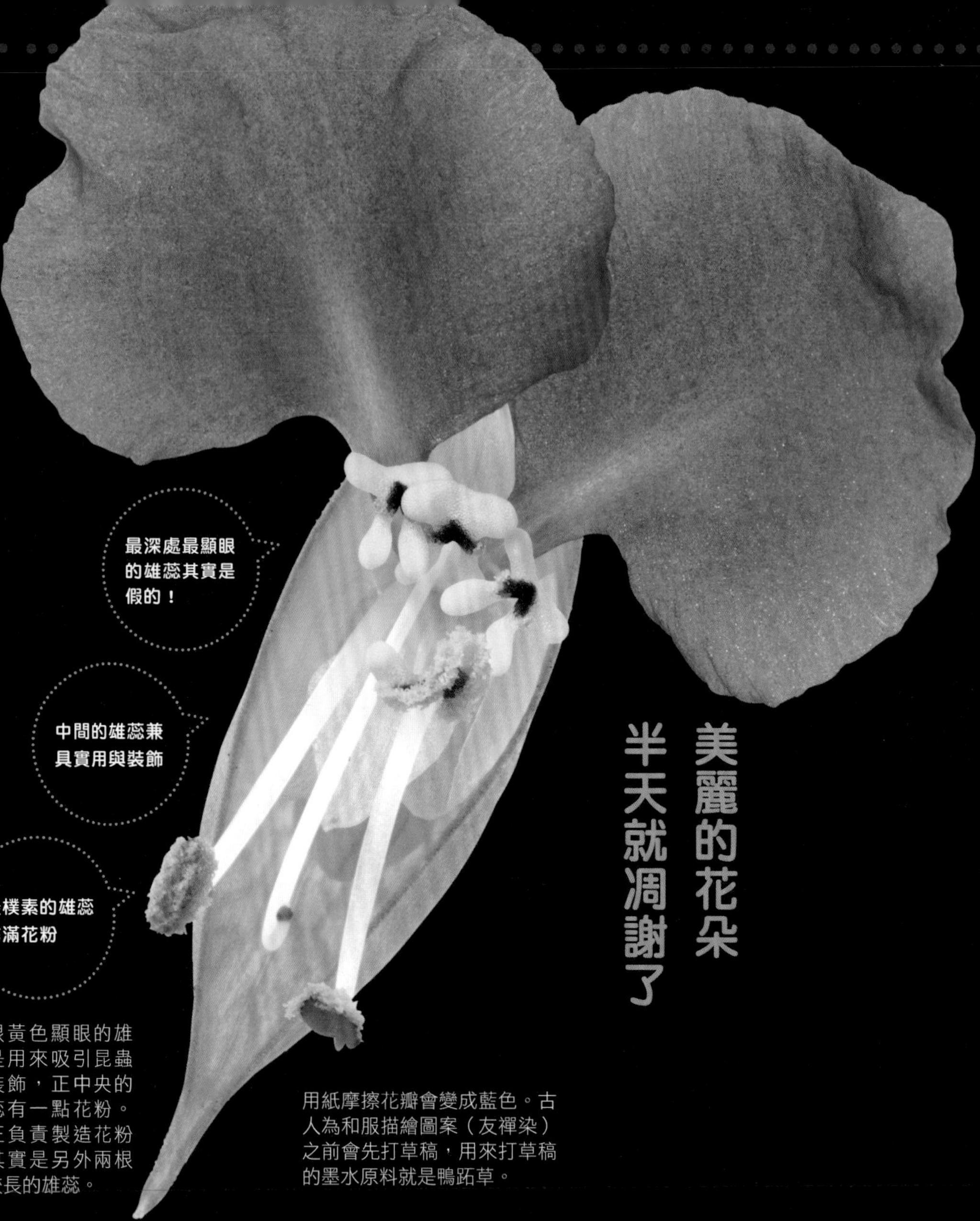

三根黃色顯眼的雄蕊是用來吸引昆蟲的裝飾，正中央的雄蕊有一點花粉。真正負責製造花粉的其實是另外兩根比較長的雄蕊。

用紙摩擦花瓣會變成藍色。古人為和服描繪圖案（友禪染）之前會先打草稿，用來打草稿的墨水原料就是鴨跖草。

露草
鴨跖草
Commelina communis

鴨跖草科鴨跖草屬

♀ 6～9月 ❋ 一年生草本植物

📏 20～50 cm

別名：
雞舌草

實際大小

藍色花朵在草原綻放，上面還掛著露珠。可愛的雄蕊令人聯想到手工製造的胸針，襯托出花朵的魅力。鴨跖草的花朵壽命十分短暫，早上開花，中午就謝了。因為授粉的時間短暫，於是準備了三種雄蕊來吸引昆蟲。到了中午，雄蕊和雌蕊還會自行捲曲靠近來授粉，不用昆蟲幫忙也能繁衍下一代。

當花朵快凋謝的時候……

沒開成的花蕾

一個花苞有時會開出兩朵花。

到了中午，雄蕊和雌蕊會捲曲靠近，自行授粉。

花苞像是雙殼貝類，花蕾跟果實都是在花苞裡成長。

葉子是毛茸茸的還是刺刺的呢？

芒草的葉子▼
葉子邊緣非常銳利，有時甚至會割傷手。放大觀察就會發現邊緣有成排鋸齒，銳利得像鯊魚牙齒。這些鋸齒的成分和硬度跟玻璃一樣，功能是阻止草食動物食用。

箭葉蓼的莖▼
向下彎曲的尖刺是為了勾住其他植物好讓莖伸直。箭葉蓼的日文名稱意思是「秋天抓鰻魚」，意指這種尖刺好像連滑溜的鰻魚都勾得住。

毛連菜的莖▲
莖和葉子上都有硬毛，摸起來刺刺的，觸感很像爸爸還沒刮鬍子的臉。因此毛連菜的日文名稱是「刮鬍子」的諧音。

　　在葉子跟莖上也能發現奇妙的微觀世界。

　　芒草的葉子邊緣有一整排鋸齒，像是銳利的鯊魚牙齒，保護自己不會成為草食動物的食物。這些鋸齒其實是精緻的玻璃製品。芒草的根部吸收水分時，連同矽酸一併吸收，運送到葉子。玻璃的原料是二氧化矽，因此芒草吸收的矽酸累積在葉子邊緣的細胞裡，形成堅硬的鋸齒。北美刺龍葵、仙人掌、咬人貓的尖刺也都含有玻璃的成分。就連毛連菜上的硬毛，小老鼠的鼻子或是毛蟲柔軟的身體去碰到了都一定覺得很痛吧！

　　箭葉蓼上有前端彎曲的尖刺，類似忍者拿的鉤子。這是用來勾住其他植物好伸直莖。野薔薇的尖刺也是鉤子的形狀。

　　植物上的毛也是形形色色。

鼠麴草◀
觸感跟小貓一樣。看起來泛白是因為覆蓋了一層柔軟的毛。這件毛衣保護鼠麴草不受寒害和紫外線威脅。

粗毛小米菊▼
莖和葉子上長了很多白色的長毛、頂端有紅色圓球的毛。紅色圓球會分泌帶有黏性的汁液，讓來吸汁液的蚜蟲動彈不得。

附地菜▼
乍看之下不會發現，放大觀察才看到莖和花萼上有很多服服貼貼的毛，前端朝上。這些毛可能有阻擋紫外線的功能。

酢漿草▲
大家看過水滴在可愛的心形葉子上閃閃發光嗎？這是因為葉子表面有很多細小的突起，形成防撥水的效果。和飯勺表面加工成凹凹凸凸的形狀，避免飯粒沾黏是一樣的道理。

有的毛和植物垂直，有的毛服貼在植物上；有些毛的形狀像海葵，有些毛像扁平的魚鱗。鼠麴草的毛細長柔軟，像蜘蛛絲。這些白毛的功能應該是吸收有害的紫外線、防撥水、禦寒和保護莖與葉子。粗毛小米菊上有腺毛會分泌黏液，豨薟這一類的植物則是更進一步發展總苞的腺毛，讓果實也變得黏黏的，可以附著在人類或動物身上。

有一些植物則是發展出精緻的表面構造，例如酢漿草的葉片防撥水效果佳。這是因為葉子表面滿是細小的突起。這種構造和荷葉一樣，稱為「荷葉效應」。人類的尖端技術正是受到植物的啟發吧。

　　我在冬陽晴好的日子去乾枯的原野玩耍了一趟。虎杖和月見草的花穗都變成乾燥花的顏色，我摘下來綁成花束；收集薏苡的果實當作天然串珠玩。蘿藦的種子在空中閃耀飄浮，種子散盡後的空殼像小船一樣，形狀特別。

　　我試著用葛藤的藤蔓做花圈。先繞個兩三圈，接著把剩下來的藤蔓纏繞在方才做好的圈圈上，最後把尾巴塞進圈圈的縫隙裡就大功告成了。樸素的花圈加上在原野上採到的乾燥花或是樹木、野草做裝飾，最簡單的裝飾法是用黏著劑固定。我覺得裝飾還缺了點什麼，找一找又發現王瓜紅色的果實真適合。

　　接下來挑戰編籃子。先用三根長藤蔓交叉成放射狀，放在地上，當作籠子的底部。然後再放上一根長藤蔓，一樣擺成放射狀。所有藤蔓從中心向外側上下交錯，繞成同心圓。長度不夠就接上其他藤蔓，一邊調整形狀，一邊做成立體的籃子。若將「粗糙」換個說法便是「充滿野趣」。後來又試著用蛇葡萄和五葉木通的藤蔓編籃子。

　　女兒說她用比較細的藤蔓編籃子，提著一個掌心大小的籃子來與我會合。可愛的籃子形狀完整又做了個把手，女兒馬上把在原野中發現的寶物放進籃子，擺在房間裡裝飾。不過聞來聞去總覺得有個怪味，這才發現她用的材料是雞屎藤啊。

紅色的花朵

毛茸茸的淡粉色花朵，
可愛卻又有點可怕

陷阱就藏在
花裡凹陷的
地方！

花朵正面。裡面有五處凹
陷，甘甜的花蜜和設下陷阱
的雌蕊、雄蕊就躲在裡面。

生長在郊區原野的攀緣植物，毛茸茸的粉紅色花朵充滿甘甜的花蜜，大受昆蟲歡迎。但是裡面其實隱藏了陷阱。花朵凹陷處有縫隙，會夾住昆蟲的腳或是口器。昆蟲用力掙扎、逃出來的那一刻，花粉塊上的特殊夾子會夾住昆蟲的口器或腳。力氣微弱的昆蟲可能會因為掙扎而失去腳，或是逃不出來而死在花裡。蘿藦開花結果後，會在秋天藉由風力，把長了美麗絨毛的種子傳播至遠方。

蘿

蘿藦

Metaplexis japonica

夾竹桃科蘿藦屬

♀ 8〜9月 ❋ 多年生草本植物

◢ 攀緣植物

實際大小

細長的觸角
不是雌蕊，
而是吸引昆
蟲的裝飾

纏住其他植物或欄
杆，切斷植株會冒
出白色乳汁。

甘甜的花蜜吸引蜜
蜂、蒼蠅、蝴蝶和
蛾類等昆蟲聚集。

屎糞蔓

雞屎藤

Paederia foetida

茜草科雞屎藤屬

♀ 8～9月 ❋ 多年生草本植物
🗡 攀緣植物

別名：牛皮凍、
雞香藤

實際大小

雞屎藤之所以有這樣不雅的名字，是因為摘下雞屎藤的葉片或是藤蔓，會聞到類似雞屎的刺激性臭味。不過它的花朵很可愛，用放大鏡仔細觀察，會看到長短不一的腺毛像是串珠一樣發光。花朵中心的腺毛（前端圓形，很像火柴棒）密密麻麻。摘下一朵花，塗上口水放在手上，腺毛會黏住皮膚。花朵的形狀和中心紅色的部分很像點了火的艾灸。以前日本小孩會拿著雞屎藤的花對朋友惡作劇：「我要給你點艾灸了！」所以雞屎藤的花日文又叫做「灸花」。

> 花瓣上滿是絨毛，像是紅色的火柴棒！

經常出現在路旁或是攀爬在公園的綠籬、欄杆上。

> 花朵表面充滿白色的顆粒！

花朵內外長的毛不一樣。花蜂會撥開充滿黏性的紅色腺毛，進入花朵深處吸花蜜。

名字很難聽，
但花朵很可愛
白色的吊鐘裡是紅色的櫻桃小嘴

白皙小臉塗上紅色口紅的可愛花朵！

裡面長滿了紅色腺毛，防止螞蟻入侵。白線是雌蕊，雄蕊長在花瓣上，藏在開口裡。

虫捕り撫子

高雪輪

Silene armeria

石竹科蠅子草屬
♀ 5～7月 ✱ 越冬草本植物
📏 30～60cm

實際大小

尖銳的鱗片
刺刺的

來自歐洲的可愛花朵，經常群聚於庭院或是空地。花朵中央有鋸齒狀的裝飾，像是迷你皇冠。這是部分花瓣變形為鱗片，用來指引蝴蝶或蜜蜂找到花蜜。鱗片的中心就是通往花蜜的入口。莖上有一些地方會分泌黏液，有時會看到昆蟲黏在上面。不過這些黏液的功用是保護花朵，不是捕捉昆蟲來食用。

莖上褐色的
部分黏黏的

每一節莖上有分泌黏液的區域，是用來黏住昆蟲的陷阱，好讓可能破壞花朵的壞蟲子在這裡就知難而退。

戴上小皇冠的
可愛粉紅花朵

雄蕊也依序跟
大家打招呼！

皇冠環繞的開口中，首
先是雄蕊依序出現，等
到花粉完全消失後改成
雌蕊探出頭。

花瓣有四片，
雄蕊有五根

紅白對比的
時髦花朵

看起來像花瓣的部分其實
是萼片，會一路留到結
果。雄蕊根部的圓形突起
處會冒出花蜜。

細長的穗狀花序從上方看是紅色，
從下方看是白色的，就像日本人慶
祝喜事時用來裝飾的紅白繩結。為
什麼會看起來上紅下白呢？仔細觀
察會發現小花的上半部是紅色，下
半部是白色。白色的雄蕊形成可愛
的點綴。花瓣狀的萼片共四片，位
於四個角落和中央的雄蕊合計有五
根。雌蕊的柱頭分歧成兩根，等到
花謝了會變成類似鉤針的刺，讓果
實得以附著在人類或動物身上，前
往遠方。

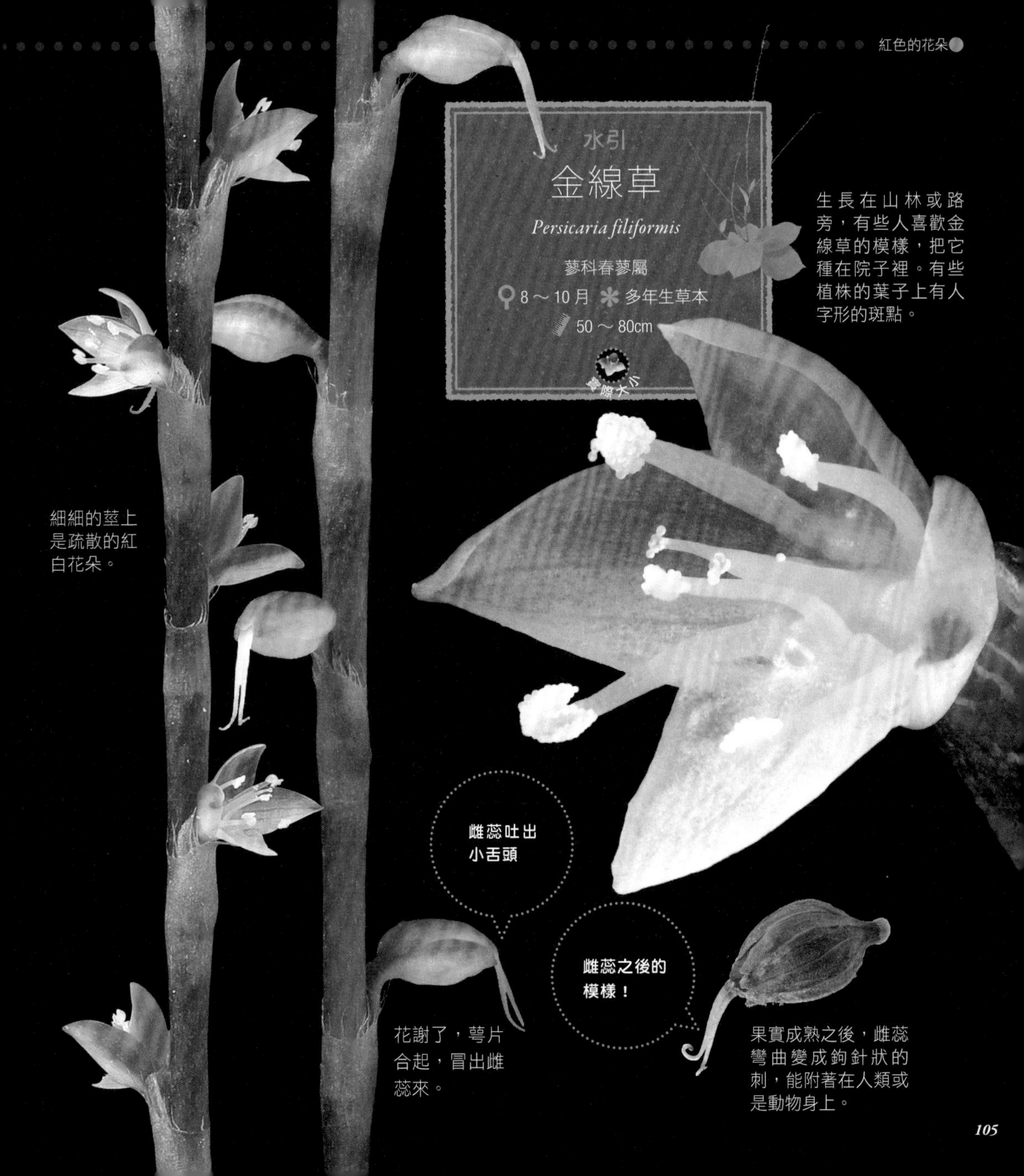

水引

金線草

Persicaria filiformis

蓼科春蓼屬

♀ 8～10月　✳ 多年生草本

🖌 50～80cm

實際大小

生長在山林或路旁，有些人喜歡金線草的模樣，把它種在院子裡。有些植株的葉子上有人字形的斑點。

細細的莖上是疏散的紅白花朵。

雌蕊吐出小舌頭

雌蕊之後的模樣！

花謝了，萼片合起，冒出雌蕊來。

果實成熟之後，雌蕊彎曲變成鉤針狀的刺，能附著在人類或是動物身上。

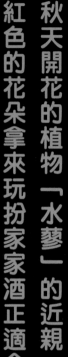

秋天開花的植物「水蓼」的近親，
紅色的花朵拿來玩扮家家酒正適合

犬蓼

睫穗蓼

Persicaria longiseta

蓼科春蓼屬

♀ 6～10月　✳ 一年生草本植物

📏 20～50cm

實際大小

別名：馬蓼

雌蕊分歧成三
叉，一顆一顆
的是花粉！

自古以來眾所皆知的
可愛花朵，玩扮家家
酒的時候會拿來當作
紅豆飯。類似辛香料
水蓼，卻一點也不
辣，所以日文寫作
「犬蓼」。

花穗長約
三公分。

秋天是蓼科植物開花的季節。一般
的花朵是萼片和花瓣雙重包覆雌蕊
與雄蕊，蓼科植物卻是長得像花瓣
的萼片花謝後依舊留存，因此粉
紅色的花穗裡有花、花蕾和果實。
玩扮家家酒時，孩子們弄散睫穗蓼
的花穗當紅豆飯，裡面的黑色種子
正好當作撒在紅豆飯上的芝麻。頭
花蓼來自喜馬拉雅，花穗比較短，
像是一顆顆彩球。莖在地面匍匐延
伸，在一般人家的周遭逐漸野化。

淡藍色的雄蕊
好時髦！

雖然花穗形狀不一
樣，花朵倒是很
像。雌蕊柱頭分歧
成三叉；雄蕊內側
三根，外側五根，
一共八根。

姬蔓蕎麦

頭花蓼

Persicaria capitata

蓼科春蓼屬

♀ 5～12月　✳ 多年生草本植物

10～30cm

實際大小

花穗直徑
約一公分

別名：頭花蓼

酸い葉

酸模

Rumex acetosa

蓼科酸模屬

♀ 5～8月 ✳ 多年生草本植物

📏 30～100cm

實際大小　實際大小

別名：山菠菜

雌株　　雄株

雌花一開，花穗的前端就變得毛茸茸的。

雄花和雌花長在不同的植株上

這是雌花。紅色的柱頭毛茸茸的！

萼片六片，三片反折，另外三片包覆雌蕊，從萼片的縫隙之間看得到毛茸茸的柱頭。

其實有三片翅膀

三片萼片包覆一顆種子成長，最後形成三片翅膀。

顆粒狀的雄花
毛茸茸的雌花

生長在鄉下的堤防或是田埂，開花時形成一片紅色花毯。過去是眾人熟悉的植物，甚至還出現在歌詞裡。由於整顆植株含有草酸，咬下去會有酸酸的味道。植株分雌雄，花蕊鮮紅的是雌花，花蕊黃色的是雄花。光看花，或許會以為是兩種植物。授粉是借助風的力量。雌花擴大表面積好接收花粉，又製造紅色素以防紫外線傷害，於是長成紅色的彩球模樣。

雄花的黃色花葯一打開，花粉就隨風飛散。

這是雄花，裡面全是花粉顆粒！

花粉飛往何方就交給風決定了。酸模的繁殖方式是以數量取勝，採用「亂槍打鳥」戰術。

109

夕化粧
夕化妝
Oenothera rosea

柳葉菜科月見草屬

♀ 5～9月　✳ 多年生草本植物

📏 20～60cm

實際大小

別名：
粉花月見草

原產於美洲 ，分布於庭院和空地。因為是傍晚開花，因此稱作「夕化妝」。其實中午也會開花。花瓣共四片，花瓣上的線條與樹形類似，很是美麗。雌蕊頂端分歧成四叉，看起來像是南島海洋中的海葵。雄蕊一共有八根，是四的倍數。花粉的顆粒黏在細線上，像是成串的項鍊，昆蟲來了就會黏在它的身上，隨著昆蟲移動。秋天時結果，果實到了下雨天會打開來，利用雨滴把種子從果實裡彈出去。果實打開的模樣像是又開了一次花。

戴上項鍊的花朵

下雨時會開出另一種「花」

花瓣上的條紋
很漂亮！

開花時萼片不會
打開，維持前端
相連的狀態。

本來躲在裡
面的種子冒
出頭來！

果實會在下雨天打
開，利用雨滴把種
子彈出去。

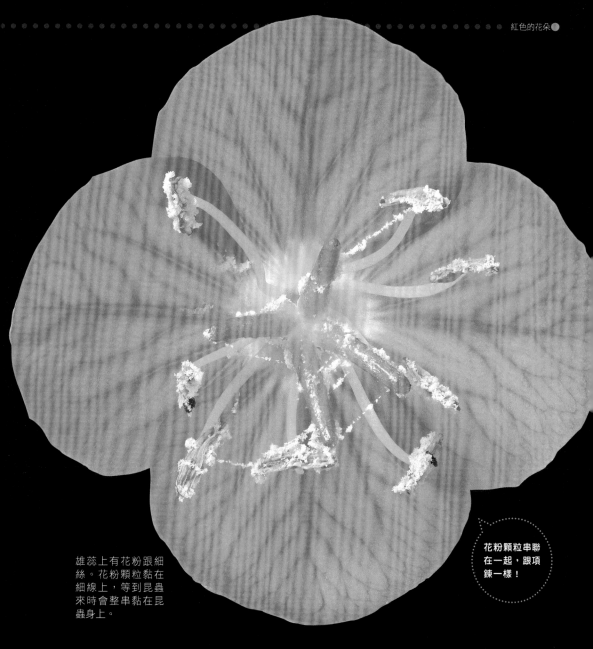

雄蕊上有花粉跟細絲。花粉顆粒黏在細線上，等到昆蟲來時會整串黏在昆蟲身上。

花粉顆粒串聯在一起，跟項鍊一樣！

111

雌蕊與雄蕊
靠得非常近！

雌蕊與雄蕊位置接
近又會同時成熟，
可以進行自花授
粉。沒有昆蟲幫忙
也沒關係！

白色花朵也很常見

亞米利加風露

野老鸛草
Geranium carolinianum

牻牛兒苗科老鸛草屬
♀ 4〜9月 ✳ 一年生或越冬草本植物
📏 10〜40cm

實際大小

小小花朵的秘密
雌蕊與雄蕊一吻定情

把種子一顆顆彈出去！

果實成熟會裂開捲起，利用這股力量把種子彈出去。

來自美洲的野草，類似另一種自古以來生長在日本人周遭的野花「中日老鸛草」（知名藥草），不過整體要小上一圈。生長於路旁或公園，花朵為淡粉色或白色。雌蕊與雄蕊會在開花瞬間靠近並授粉。這是野老鸛草能大量繁衍的關鍵。另一方面，中日老鸛草的雌蕊與雄蕊成熟時機不同，必須靠昆蟲搬運花粉才能授粉結果。所以中日老鸛草只能在野外開花。

點綴初夏原野的
粉紅彩球

這樣是一朵花

花朵的正面。
兩側花瓣是
蝴蝶的形狀。

側面看有
這〜麼長！

豆科植物的花瓣數量從五瓣
起跳，紅菽草的花瓣卻黏在
一起，像根管子。整株草上
都有白色絨毛，從花萼、葉
片到莖都毛茸茸的。

紫詰草
紅菽草
Trifolium pratense

豆科菽草屬

♀ 5〜8月　✳ 多年生草本植物
🌱 20〜60cm

別名：
紅車軸草

實際大小

菽草的近親，綻放粉紅色的花朵。
仔細觀察像彩球的花朵，會發現其
實是很多隻小蝴蝶並排在一起。豆
科植物的花朵從正面看像是一隻
隻小蝴蝶。取出一隻小蝴蝶一看，
咦？明明是豆科植物，怎麼花瓣黏
在一起，變成細長的管狀呢？只有
熊蜂等口器長的昆蟲才吸得到裡面
的花蜜。紅菽草多半出現在郊外而
非市區，應該和昆蟲的棲息狀態也
有關係。

一朵朵花排列
成圓形

正中央還是花蕾，
從邊緣往中心開。

烏野豌豆

野豌豆

Vicia sativa subsp. *nigra*

豆科蠶豆屬

♀ 3～6月　✳ 越冬草本植物

🗡 攀緣植物

實際大小　　別名：大巢菜

花蜜給蜜蜂吃
葉蜜給螞蟻吃

到了春天就會在草原上看見這些迷
你豌豆，其實野豌豆的嫩豆莢和嫩
芽尖端與豌豆的味道類似，可以食
用。花朵也跟豌豆很像，只是比豌
豆要小得多，會來造訪的是小小的
花蜂，仔細一看還有螞蟻在附近徘
徊。但是花朵的結構複雜，花蜜藏
在花朵深處，螞蟻吃不到。所以螞
蟻的目標是位於葉子根部的「花外
蜜腺」。螞蟻為了吃到這裡的花蜜
會驅趕想來吃葉子的蟲子，算是對
野豌豆的回禮。

花朵結構複雜，只有身懷
絕技的蜜蜂才吃得到。

嫩豆莢可以食
用，完全成熟
會變得跟烏鴉
一樣黑。

豆莢裡有
小豆子！

花瓣呈現深淺
兩種粉紅色

葉子前端有
捲捲的鬍鬚！

花蜜在花瓣
深處

位於葉子根部的托
葉上有黑點，那就
是花外蜜腺。

綻放在原野的
小山螞蝗花

跟小偷的足跡
一模一樣！

既像太陽眼鏡，
又像胸罩，真是
奇妙。

花朵在昆蟲來
之前長這樣，
雌蕊和雄蕊藏
在花瓣裡面。

盜人萩

小山螞蝗

Hylodesmum podocarpum subsp. *oxyphyllum*

豆科長柄山螞蝗屬

♀ 7～9月　✳ 多年生草本植物

📏 60～100cm

實際大小

昆蟲來過之後，雌蕊
和雄蕊便冒出頭來，
不會復原。

利用小小的
鉤子附著在
人類的衣服
或動物身上

錐花山螞蝗的果
實是三至四個成
串連在一起。

荒れ地盗人萩

錐花山螞蝗

Desmodium paniculatum

豆科山螞蝗屬

♀ 7～10月　✱ 一年生草本植物

50～100cm

實際大小

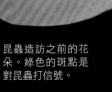

昆蟲造訪之前的花
朵。綠色的斑點是
對昆蟲打信號。

小山螞蝗和錐花山螞蝗都類似秋天七草之一的胡枝子花。只要有蜜蜂一來，花朵便迅速爆開，噴得昆蟲一身都是花粉。等到花謝了之後，結出來的果子還會黏在人們的衣服上，難以清除。小山螞蝗的日文寫作「盜人萩」，一定不少人懷疑為什麼叫「盜人（小偷）」呢？請大家想像一下古代日本小偷頭綁頭巾、穿著二趾鞋，踮起腳尖走路的模樣，在路上留下的足跡正巧跟小山螞蝗的果實形狀類似。外來物種錐花山螞蝗是小山螞蝗的近親，花朵比小山螞蝗大，果實連結成串。

上方的花瓣
是旗幟！

散發葡萄果汁般的
水果香氣

淡紅色的花瓣中央是黃色
斑點，從這裡進去就能吸
到花蜜。深紅色的花瓣包
覆著雌蕊和雄蕊。

葛

葛藤

Pueraria lobata

豆科葛藤屬

♀ 7～9月 ✴ 多年生草本植物
🥢 攀緣植物

實際大小

大型攀緣植物「葛藤」是秋天七草之一。花瓣由深淺兩種紅色組成，美麗的花朵形成長長的穗狀花序，由下往上綻放。最令人驚訝的是花朵的香氣跟大家熟悉的葡萄風味果汁一模一樣！花瓣上的黃色斑點是告知昆蟲花蜜的入口在此，讓蜜蜂的近親等昆蟲能進入花朵深處喝花蜜，回禮是幫忙搬運花粉。葛藤以前是有用植物，粗壯的根部可以拿來做葛藤粉或是葛藤根湯，藤蔓用來編籃子，葉子用來餵牛馬。現在則失去用途，會遮蔽其他植物，成為有害的攀緣植物。其他國家也看得到葛藤的蹤跡。

花瓣有五瓣

五片花瓣像立體拼圖一樣，組成一朵花。

粉嫩的花朵和花蕾
甚是可愛

蔓穗
綿棗兒
Barnardia japonica

天門冬科綿棗兒屬

♀ 8～9月　✳ 多年生草本植物

▯ 20～40cm

實際大小

花朵由下往上
依序綻放！

花朵集中在花
穗上，由下往
上竄出花朵。

初秋時分，割過草的田埂或是河堤
會一口氣冒出綿棗兒可愛的小花，
長得像球根植物風信子。花朵打開
有六片花瓣和雄蕊，由花穗下方
往上依序綻放。前來吸吮花蜜的是
體型較小的蜜蜂、花虻和灰蝶。有
趣的是一年分別在春秋兩個時節長
葉子，夏天則是暫時讓葉子枯萎節
能，把養分儲存在球根裡休眠。

雄蕊的花藥
分成兩半！

綿棗兒的花朵是草
原上的小小露天咖
啡廳，許多昆蟲都
會來這裡吸吮甘甜
的花蜜。

庭石菖
庭石菖
Sisyrinchium rosulatum

鳶尾科庭菖蒲屬

♀ 4～6月 ✳ 多年生草本植物

🗒 10～20 cm

實際大小

生長在公園草坪或草地上的可愛野草，同屬鳶尾科的玉蟬花有六片花瓣，外側三片（相當於萼片）比較大也比較顯眼，但是庭石菖的六片花瓣幾乎都一樣大小，外側的三片花瓣有五條深色條紋，內側的三片花瓣則是三條，寬度也有些許差別。綻放一天之後在傍晚萎縮，變成渾圓的果實。最近花色偏藍的其他類似物種也都成為歸化種。

花朵基部會
膨脹變成果實

花朵在葉片之間逐一綻放，最後結果。

有些植株開白色的花。

果實渾圓

葉子的形狀與重疊的方式類似鳶尾與玉蟬花等植物。

125

撬花

綏草

Spiranthes sinensis var. *amoena*

蘭科綏草屬

♀ 5～8月　✻ 多年生草本植物

🗋 10～40cm

別名：清明草

花穗呈螺旋狀
盤繞，耐重平
均，所以莖是
直立的。

扭轉的方向隨花
朵而有所不同，
左轉和右轉的數
量幾乎相同。

扭轉的花穗很有意思！這是日本原
生的野花，生長於草坪或是光線充
足的草地。花朵小歸小，但畢竟是
蘭科，仔細觀察就會發現花形類似
嘉德麗雅蘭，十分美麗。最下方的
花瓣（專業名稱為「唇瓣」）令人
聯想到新嫁娘的白色衣裳。蘭科的
花粉很特別，有黏著性。體型小的
蜜蜂會停在唇瓣上再鑽進深處
吸花蜜。鑽進去的過程中，塊
狀花粉會沾黏到蜜蜂身上。
受粉之後，花朵基部會膨脹
成果實。

蜜蜂先生
趕快來吧！

花朵配合蜜蜂，
朝側面綻放。

花朵的正面。通
往花蜜的通道上
方是花粉塊。

唇瓣像是白色
蕾絲的衣襬

127

奇怪的種子！厲害的種子！

鴨跖草 ▲
果實像雙殼貝類，滾出來的種子長得跟泥土或砂礫簡直沒兩樣，偽裝技術跟忍者一樣高強！

竊衣 ▲
種子長得好像蚰蜒！前端彎曲的刺會附著在人類或動物身上。

圓齒野芝麻 ▲
白色的部分是甘甜的果凍，螞蟻為了吃果凍，會認真搬運種子。

月見草◀
長得像膠囊的果實裡塞滿要去移民的成員。種子會長時間休眠，在未來某一天發芽。

還亮草◀
螺紋部分是為了便於乘風轉動，形狀十分奇妙。最近愈來愈多成為歸化種的植物，還亮草也是其中之一。

疏花繁縷 ▲
白色星狀花所生出的小行星，表面的鋸齒紋路是為了抓住泥土，和泥土一起邁向新天地！

　　開花結果，長出種子——生物最終的目的是傳宗接代。種子做好準備，帶著新生命，邁向新天地。

　　野草多半會製造無窮無盡的種子，肉眼看起來雖然只是個小黑點，用放大鏡仔細一看卻會發現顏色和形狀都各有千秋！

　　野草通常是利用人類與動物來傳播種子，例如有些種子會利用鉤針或是倒刺，悄悄附著在人類或動物身上。竊衣和豬殃殃的工具是鉤針，白花鬼針是倒刺。走在郊外山區小路上，黏上鬼琉璃草種子或許會以為自己遇上塵蟎大軍，驚聲尖叫。鬼琉璃草的果實上有星形的錨鉤，碰到了就很難清乾淨了。

阿拉伯婆婆納 ▲
心形的果實裡是
長得像貝殼麵的
種子！

酢漿草 ▲
種子藏在白色
的橡皮球裡，
橡皮球破裂
時，種子能彈
一公尺以上！

豬殃殃 ▲
渾圓多刺的果實兩顆一
組，躲在春天的草叢
中。彎曲的鉤子緊緊抓
住就再也不放手！

鬼琉璃草 ▲
果實長得像塵蟎，刺的
尖端成錨鉤狀。

白花鬼針 ▲
每根刺上有尖銳
的倒刺，像是捕
魚的魚叉，碰到
它非常痛。

　　有些種子則是混入泥土中，前往
新天地。例如疏花繁縷的種子表面凹
凹凸凸，容易和泥土融為一體。阿拉
伯婆婆納的種子在放大鏡下看起來像
貝殼麵。鴨跖草無論是顏色還是形狀
都跟乾掉的泥塊沒兩樣！別說是人
了，連鳥都不會發現是種子。

　　有些野草則是自備發射裝置，例
如酢漿草的種子藏在橡皮球裡，橡皮
球一碰就會破裂，利用破裂的後座力
飛向遠方。剛彈出來的種子表面濕濕
黏黏的，附著在人類身上，藉由人類
移動前往遠方。

　　月見草則是利用風力傳播大量種
子。掉落在陰暗處的種子會進入休眠
狀態，等待所在的地點有一天成為
空地。種子的旅行不僅是朝遠方前
進，還會跨越時間。

品嘗野草

　　去野外遊玩的樂趣之一是摘野草。春天到了，在原野信步漫走，發現蜂斗菜與筆頭菜總叫人興奮。就算不到發出歡呼的地步，也會在心裡振臂高呼，把它們一個一個採下來。水芹和野艾的香氣芬芳，虎杖用手一摘就發出清脆的聲響。我還摘了野豌豆的嫩芽，今天晚上炸天婦羅來吃吧！還要做蜂斗菜炒味噌，指尖的觸感加上聲音與香氣，真是個愉快歡欣的好日子！

　　野草裡有不少平常當作山菜來品嘗的植物。除了日本人稱作春天七草的鼠麴草、薺菜、疏花繁縷之外，還有虎耳草、酸模、車前草等都是經常出現在餐桌上的植物。菽草、紅菽草、鴨跖草、葛藤、金錢薄荷、牛膝、魚腥草、西洋蒲公英、附地菜、紫花地丁也都能下肚。不過有些地區可能衛生狀態欠佳或受到農藥汙染，食用之前必須清洗乾淨。

　　然而就算去不了郊外散步，在都市裡也能享受一點摘野草的樂趣。一般人家的院子也會冒出疏花繁縷，春飛蓬的嫩葉香氣類似茼蒿，滋味不錯；蒲公英天婦羅模樣美麗；鴨跖草的花可以撒在沙拉上當裝飾。但是說來說去，春天最美好的事，還是去到哪裡都採得到蜂斗菜和筆頭菜！

　　現在生活便利，任何時候都買得到新鮮美味的蔬菜，逐漸感受不到大自然賜給人類的恩惠。摘野草來吃是一種低調的奢侈，有種小小的狂野感總是教人期待不已。

綠色與褐色的花朵

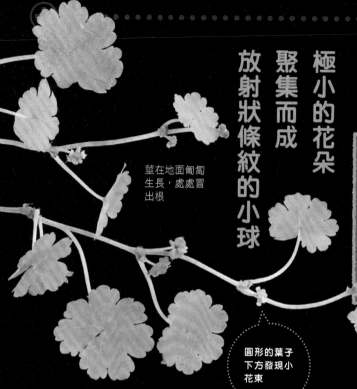

極小的花朵
聚集而成
放射狀條紋的小球

莖在地面匍匐
生長，處處冒
出根

血止草
天胡荽

Hydrocotyle sibthorpioides

五加科天胡荽屬

♀ 6～10月　✳ 多年生草本植物

📏 1～3 cm

放大
仔細瞧

圓形的葉子
下方發現小
花束

其實長得像小判
（譯註：江戶時代
金幣，形狀像牛舌
餅。）

這是由多顆果實匯集
而成的集合果，一個
不小心就會忽略了。

體型嬌小，匍匐在庭院或路旁的地
面。自古以來便是眾所皆知的藥
草，閃耀光澤的葉片揉一揉貼在
傷口上可以止血。圓形的葉子中間
是聚集成一顆小球的多朵小花。仔
細觀察會發現小花的前端是淡粉紅
色，在地面移動的螞蟻會發現花朵
這一點打扮的心思。天胡荽利用甘
甜的花蜜吸引螞蟻幫忙傳遞花粉。

花瓣前端是
淡粉紅色

正中央的雌蕊
好像眼珠！

一朵花有五根雄蕊，雌蕊有兩個
柱頭，能結成兩顆果實。兩顆果
實並排成熟，最後形成如小判金
幣的形狀。

133

雌花的雌蕊
伸得長長的

黏到花粉了

這是剛開花時的模樣。
首先雌花冒出兩根雌
蕊，接收花粉。深紅色
的兩性花還是花蕾，沒
開花。

蓬

野艾

Artemisia. indica var. *maximowiczii*

菊科蒿屬

♀ 9～10月 ✳ 多年生草本植物

📏 50～120cm

實際大小

別名：魁蒿

野艾的嫩草是艾草粿的原料，但是
很少人知道野艾會開花吧！野艾的
花季是秋天，會散布大量花粉，是
造成花粉症的成因之一。菊科植物
多半是蟲媒花，艾草卻是反向演化
成風媒花。每一個頭狀花序的外側
有五至六個雌花（只有雌蕊），內
側有三至四個兩性花（雌蕊和雄蕊
兼具）。帶深紅色則是具有類似太
陽眼鏡的功能，用來預防紫外線傷
害，不是為了吸引昆蟲。

兩性花裡看
得到黃色的
花粉！

逐漸綻放的花
朵，兩性花也
開了。

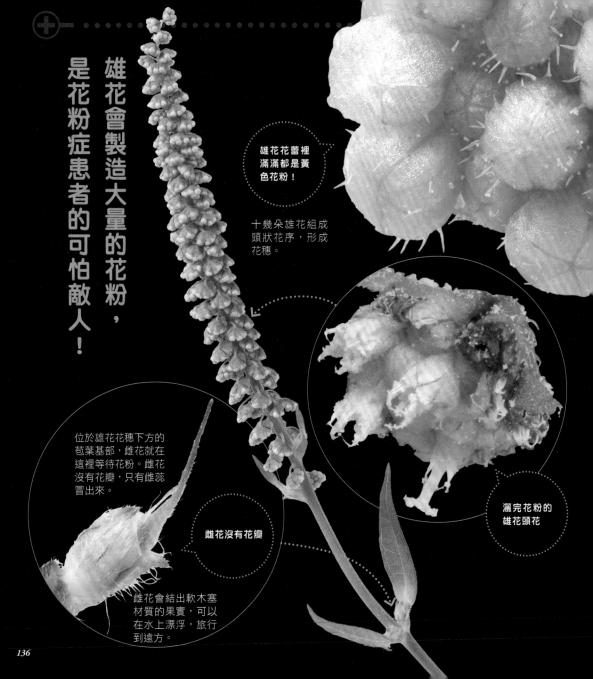

雄花會製造大量的花粉，
是花粉症患者的可怕敵人！

雄花花蕾裡
滿滿都是黃
色花粉！

十幾朵雄花組成
頭狀花序，形成
花穗。

位於雄花花穗下方的
苞葉基部，雌花就在
這裡等待花粉。雌花
沒有花瓣，只有雌蕊
冒出來。

雌花沒有花瓣

灑完花粉的
雄花頭花

雌花會結出軟木塞
材質的果實，可以
在水上漂浮，旅行
到遠方。

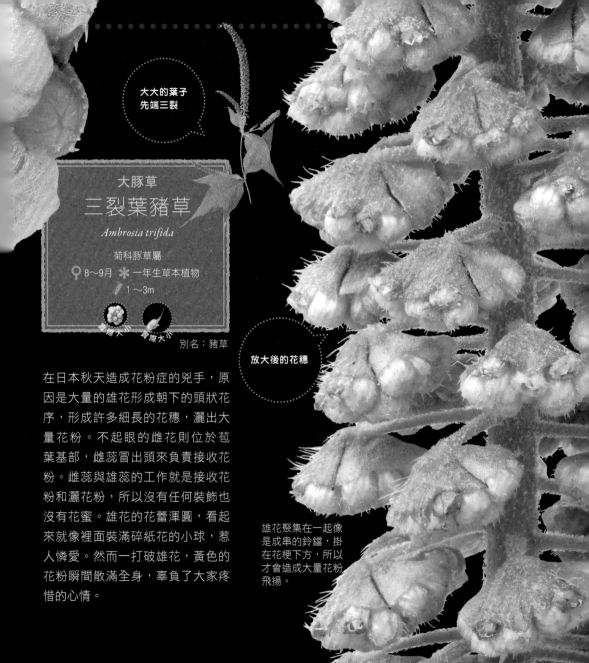

大大的葉子
先端三裂

大豚草
三裂葉豬草
Ambrosia trifida

菊科豚草屬

♀ 8〜9月　✳ 一年生草本植物

📏 1〜3m

實際大小　　實際大小

別名：豬草

放大後的花穗

在日本秋天造成花粉症的兇手，原因是大量的雄花形成朝下的頭狀花序，形成許多細長的花穗，灑出大量花粉。不起眼的雌花則位於苞葉基部，雌蕊冒出頭來負責接收花粉。雌蕊與雄蕊的工作就是接收花粉和灑花粉，所以沒有任何裝飾也沒有花蜜。雄花的花蕾渾圓，看起來就像裡面裝滿碎紙花的小球，惹人憐愛。然而一打破雄花，黃色的花粉瞬間散滿全身，辜負了大家疼惜的心情。

雄花聚集在一起像是成串的鈴鐺，掛在花梗下方，所以才會造成大量花粉飛揚。

白色的雌蕊
刺刺的

小小的花瓣
共有四片

有些植株
的雄蕊是
白色的。

小小的花瓣代表著原
本是蟲媒花的祖先留
下的痕跡，現在變成
風媒花了。

雌蕊冒出來
之後才輪到
雄蕊！

匍匐在經常遭到踩踏的地面，花莖
直立。一顆小顆粒是一朵花，取出
一顆來觀察會看到四根雄蕊包圍一
根雌蕊。不過雄蕊和雌蕊出現的時
間不同，剛開花時先冒出雌蕊（請
注意花莖上端！），雄蕊之後才冒
出頭來，利用風力把花粉送往遠
方。更仔細觀察會發現上頭有四片
小花瓣。之前是蟲媒花的車前草演
化成目前的模樣。長葉車前草的葉
子細長，捲捲的雄蕊像頭帶。

大葉子

車前草

Plantago asiatica

車前科車前屬

♀ 4～9月　✽ 多年生草本植物

📏 10～30cm

車前草的
花穗細長。

實際大小

篦大葉子
長葉車前草
Plantago lanceolata

車前科車前屬

♀ 6～8月　✹ 多年生草本植物

🌾 30～70cm

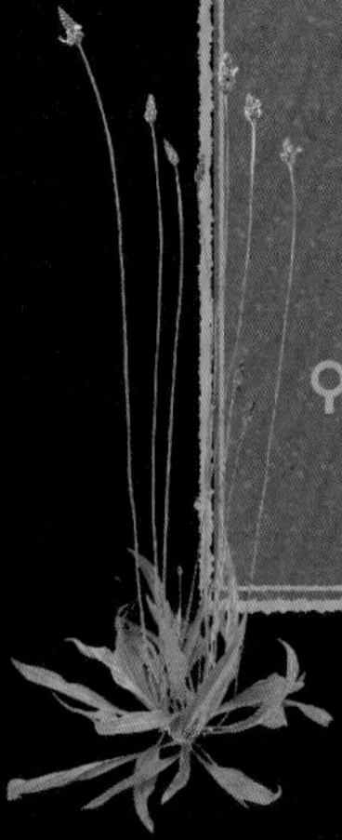

實際大小

雄蕊的裝飾很時髦

象徵過去痕跡
的四片花瓣

雄蕊等到雌蕊
枯萎了才冒出
頭來。

雄蕊由下往上
冒出頭來

長葉車前草的
雄蕊像是給花
穗綁頭帶。

左邊是剛開花的花
穗，由下往上依序
綻放。

葉子上也有
小倒刺！

葉子環繞花朵與花蕾。淡綠偏
白的花朵共有四朵，雄蕊也有
四根。雌蕊的柱頭兩裂。

黃綠色的花束化身為
纏著你不放的果實！

八重葎

豬殃殃

Galium spurium var. *echinospermon*

茜草科豬殃殃屬

♀ 4～6月 ✳ 越冬草本植物

🌱 20～40cm

長滿刺的果實！

莖上滿是倒刺，六到八片葉子群聚環繞著莖。莖上的倒刺會勾住其他植物，春天時在路旁或是原野冒出一大片。葉子（葉子的邊緣跟表面也有刺！）組成的花束正中央是如星星般的十字形花朵。黃色的雄蕊有四根，白色的雌蕊有兩根，分別結果。所以到了春末就會看到兩顆圓滾滾的刺果成對大量冒出頭來！也就是一朵花會結出兩顆附著在人類或動物身上的果實。

花開在葉腋或莖的頂端。

到了春末會冒出兩顆一組果實，果實上有著像鉤子的刺。

花朵聚集在花穗上，上端還是花蕾。

猪子槌
牛膝

Achyranthes bidentata

莧科牛膝屬

♀ 8～9月 ✲ 多年生草本植物

📏 50～100cm

實際大小

花謝了就會露出紅色的花萼。

花凋謝之後便低頭朝下結果，果實會附著在人類或動物身上。

一般説來，花朵華麗醒目的是蟲媒花，樸素低調的是風媒花。牛膝的黃綠色小花非常樸素，看起來就像風媒花。其實它是非常受歡迎的蟲媒花，常常有蜜蜂或蝴蝶造訪。大家或許會懷疑：「這麼不起眼的花怎麼會大受昆蟲歡迎？」這是因為花朵中心與雄蕊會反射紫外線。昆蟲的眼睛看得到紫外線，所以在昆蟲眼裡是「嬌小卻顯眼」的花朵。

綠色萼片
分得開的

花朵在人類的眼
中是樸素的黃綠
色，不仔細看不
會注意到。

兩根苞片的
功能類似髮夾

針狀苞片像是髮
夾，夾在動物或
是人類身上，把
種子帶到遠方。

正面看是
美麗的星形

盛開時最大直徑為
5mm左右，細小的
花朵跟雄蕊都是非
常單純的形狀。

綠色的花朵
在昆蟲眼中
璀璨亮麗

冒出巨大果實的
奇妙花朵

逐漸變大的
果實

四組一套的蜜壺中心冒
出花朵和果實（這一整
串花專業名稱為「杯狀
聚繖花序」）。

燈台草

澤漆

Euphorbia helioscopia

大戟科大戟屬

♀ 3～6月 ✳ 越冬本草植物

📏 20～40cm

實際大小

從上方俯視呈現五條完美的放射線

莖的頂端是橫向展開的分支，像是扁平的燭台。

幾何學把重疊在一起的類似圖形稱為「碎形」。澤漆的花朵正是這樣的感覺，整體看起來像是個花束，只看一部分也像是花束。來找找花束的最小單元吧！亮晶晶像幸運草的形狀其實是四個蜜壺，中央是雄花與雌花。雄花結構簡單，只有一根雄蕊。雌花也只有一根雌蕊，不過底部膨脹的部位很快就會變成圓形的果實，躺在花束的懷抱裡。

像是小小的花束

整體花序的一部分。在黃綠色的葉子包圍之下又分成三個花束。

145

大地錦的莖斜立。雌花在白色「花瓣」的包圍下，伸出沒有任何裝飾的樸素雌蕊。雌蕊頂端分歧成三叉。

頭頂長出三根毛？

蜜壺排排站的「小花」
是聚集在一起的
雌花與雄花

小歸小卻很可愛的白花！

雄花裡只有一根雄蕊，沒有花瓣也沒有雌蕊。雄蕊頂端分歧成兩叉，冒出黃色的花粉。

大錦草

大地錦

Euphorbia nutans

大戟科大戟屬

♀ 6～10月 ✳ 一年生草本植物

📏 20～40cm

這是斑地錦

不同於大地錦，
莖在地面匍匐延
伸。

毛茸茸的果實

斑地錦的果實
毛茸茸的，葉
子中間有醒目
的紅色斑紋。

田代氏大戟近親的花朵都很奇怪，
看起來是一朵「花」的部位其實是
雌花和多個雄花聚集而成。看似白
色花瓣的部分其實是葉子，還有多
個黃綠色蜜壺包圍著雌花與雄花。
雌花結果之後，雄花還會陸續伸出
一根雄蕊。雌蕊和雄蕊都非常細
小，必須用放大鏡才看得見。蜜壺
召待的客人是螞蟻、小型蜜蜂或蒼
蠅的近親。切斷莖會流出白色的乳
汁。這也是大戟科植物的特徵。

彈簧裝置把花粉彈向空中

雌花像是一顆毛球

這是雌花的花穗，長在莖上端的葉腋。每一個毛線球上是二十至三十個雌花。

把莖的皮剝下來紡成紗，織成布。

雄蕊會彈出花粉！

雄花的花穗長在莖下端，圓形的是接下來要綻放的花蕾。一開花就會彈出彎成弓形的雄蕊。

茎蒸

貼毛苧麻

Boehmeria nivea var. *concolor* f. *nipononivea*

蕁麻科苧麻屬

♀ 7～9月 ✱ 多年生草本植物

1～1.5m

實際大小　實際大小

雌蕊的柱頭毛茸茸的

雌花聚集成一個毛線球。

雄蕊的花絲有條紋

雄蕊花絲上的細紋是壓縮在花蕾中的痕跡。

古人用來加工成纖維，直到棉花傳入日本之前都是珍貴的纖維材料。莖的上端是雌花，下端是雄花，都非常樸素。雄花裡有類似彈簧的機制。雄蕊在花蕾裡縮成一團，直到花蕾打開的瞬間彈出來，趁勢噴出花粉。雌花裡有毛茸茸的雌蕊，會捕捉飄浮在空中的花粉。雌花在莖的上端也是為了方便接受其他植株的花粉。

藪枯らし

烏蘞莓

Cayratia japonica

葡萄科烏蘞莓屬
♀ 6～9月 ❋ 多年生草本植物
🖊 攀緣植物

實際大小

公園的綠籬和欄杆經常可見烏蘞莓的蹤影。

藤蔓遮蔽其他草木，大圓盤上是一朵小花。花瓣和雄蕊綻放後立刻凋零，只剩雌蕊。橘色的部分是花盤，裡面滿是花蜜，相當於飲料喝到飽的概念。吸引了鳳蝶、蜜蜂、蒼蠅和甲蟲聚集。東日本的烏蘞莓因為多半是三倍體（染色體的數量是一般的一點五倍，無法長出正常的花粉），很少結果；西日本的烏蘞莓才是二倍體，看得到成熟變黑的果實。

花瓣和雄蕊
凋零之後的
模樣

花瓣和雄蕊掉落時，雌蕊迅速成長，一柱擎天。每朵花都會從雄花變成雌花。

剛開花時，
橘色的花盤
裡全是透明
的花蜜！

只有西日
本才看得
到果實？

花盤會從橘
色褪色成粉
紅色。

成熟之前的果實。果實
是有點扁平的球狀，到
了秋天會成熟變黑。

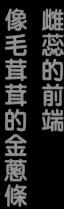

雌蕊的前端
像毛茸茸的金蔥條

亮晶晶的雌蕊
像是絲線

雄蕊隨風搖曳

花朵是由多層「穎」保護（以水稻來說就是稻殼），伸出頭來的雌蕊長得像金蔥條，擴大表面積以提升授粉的機率。

細長的針芒
最後會變得
黏黏的

在穎的前端伸長的三根
針芒有長有短，果實成
熟之後便會充滿黏液，
等待人類或動物經過。

縮み笹

求米草

Oplismenus undulatifolius

禾本科求米草屬

♀ 8〜10月 ✳ 多年生草本植物

📏 10〜30cm

實際大小

※照片是絨毛比較多的種類，
也有絨毛比較少的種類。

生長在樹木下方或公園的小草，特
徵是葉子邊緣捲曲。稀疏的花穗裡
有隨風搖曳的雄蕊和毛茸茸的雌
蕊。秋風是他們的邱比特。針芒從
穎片頂端冒出頭來，等到果實成熟
了便會布滿黏液。人類或動物一碰
到黏答答的針芒，就會整根掉下
來。往往注意到時已經滿褲子黏著
針芒了。

禾本科花朵大集合！

禾本科的特徵是細長的葉子以及花朵靠風力授粉。這是地球上最興盛的巨大植物派閥，有些形成草原；有些為人類所用，作為穀物或是飼料；有些則是野草。花朵聚集在小穗上，仔細觀察會發現雄蕊隨風搖曳，雌蕊表面積較寬，長得像金蔥條。

小穗上有五至七朵花，由下往上依序綻放。雌蕊形狀類似金蔥條，紫色的雄蕊在風中搖擺，陸續冒出頭來。

穗的顏色從金色到紅銅色，應有盡有。還有黃色的雄蕊和深紅色的雌蕊，雄蕊前端的小洞會掉出花粉。

庭埃
多稈畫眉草
Eragrostis multicaulis

禾本科畫眉草屬

♀ 8～10月 ✳ 一年生草本植物 📏 10～30cm

生長在路旁與空地的野草，纖細的小穗隨風搖晃，看起來很像灰塵。雖然完全看不出來是花，在層層守護下的小穗縫隙中還是看得到雌蕊跟雄蕊。

薄・芒
芒
Miscanthus sinensis

禾本科芒屬

♀ 8～10月 ✳ 多年生草本植物 📏 1～2m

日本草原的主角，也是日本秋天七草之一。雄蕊隨著花穗搖擺，代表開花了。到了深秋，花穗會變得毛茸茸的，種子隨著打開的絨毛迎風飛起。

花穗上共有五至六朵花，有些植株會全身呈現深紅色。雌蕊形狀類似刷子，抓得住隨風飄來的花粉。

苞鞘裡有雌花。首先是雌花伸出分歧成兩頭的雌蕊來受粉。受粉完了才是雄花的小穗冒出頭來噴灑花粉。

西蕃蜀黍
擬高粱
Sorghum propinquum

禾本科蜀黍屬

♀ 8～10月 ✲ 多年生草本植物 ▱ 80～180cm

擬高粱的日文是「西蕃蜀黍」，西蕃意指「從西方來的蠻族」，是來自歐洲的大型歸化種野草。部分葉片和穀粒有毒，不能當作家畜的飼料也不能食用。

数珠玉
薏苡
Coix lacryma-jobi

禾本科薏苡屬

♀ 9～11月 ✲ 多年生草本植物 ▱ 1～2m

生長在原野或河邊，「苞鞘」成熟後十分堅硬，是天然的念珠。包覆雌花的苞鞘是變形的葉子。到了開花的季節，會從苞鞘頂端冒出雌蕊和雄花。

實際大小

實際大小

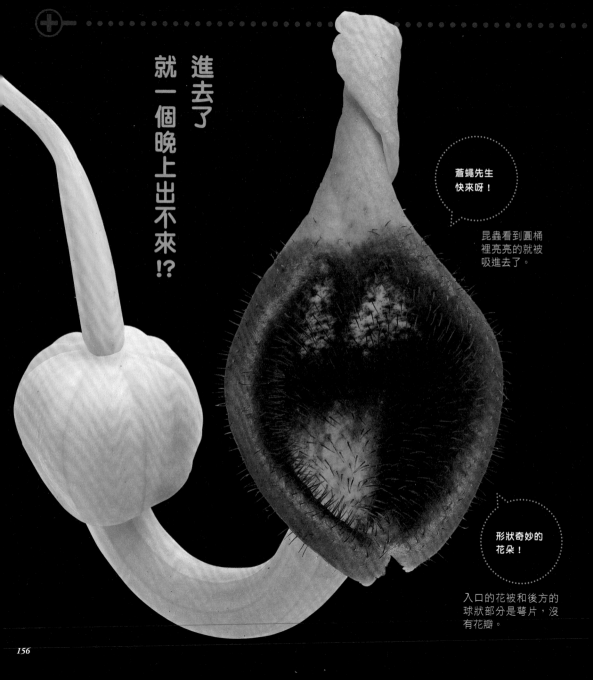

進去了就一個晚上出不來!?

蒼蠅先生快來呀！

昆蟲看到圓桶裡亮亮的就被吸進去了。

形狀奇妙的花朵！

入口的花被和後方的球狀部分是萼片，沒有花瓣。

馬の鈴草

馬兜鈴

Aristolochia debilis

馬兜鈴科馬兜鈴屬

♀ 7～9月　❋ 多年生草本植物

🗡 攀緣植物

實際大小

生長在鄉村原野的攀緣植物，葉子是麝鳳蝶幼蟲的食物。

馬兜鈴的形狀很奇妙，花朵底部膨脹成薩克斯風的模樣。其實這個部位是個陷阱。第一天先用腐臭的氣味把蒼蠅吸引進來，關進雌蕊所在的圓形球狀處。等到第二天雄蕊成熟，讓蒼蠅沾了一身花粉，球狀處的絨毛自然枯萎，蒼蠅就出得來了。但是一出來又會遇上新的花，沾了一身花粉的蒼蠅於是忍不住進入另一朵花的深處，被迫幫忙授粉……

把蒼蠅關起來的花粉房

進去了就出不來的單行道

開花第一天的花朵剖面。蒼蠅從開口經過筒狀部位，進入花基的球狀空間。通道上一路都是密密麻麻的絨毛，方向朝內，進去了就出不來。

157

如何觀察微觀世界？

放大鏡
在野外觀察植物時適合使用照片中這種折疊式的放大鏡，倍率為十倍左右。商品品質良莠不齊，價格區間也很大。金屬材質搭配玻璃鏡片的放大鏡壽命比較長。
※放大鏡的影像為示意圖

迷你顯微鏡
這種顯微鏡放得進口袋攜帶，倍率從四十倍到一百倍都有。裡面有LED燈，連花粉顆粒都看得一清二楚。價格是日幣一千～二千元（譯註：折合台幣約三百～六百元）不等。倍率高但視野小。

微觀世界充滿驚奇與感動，大家讀完本書是否也很想親自體驗看看？

直到最近，體驗微觀世界還必須準備顯微鏡或是高級相機。隨著科技進步，如今出現許多能輕鬆窺見微觀世界的工具。

最基本的工具是放大鏡。把放大鏡貼近眼睛，想看的東西就近在眼前了。有時會遇上體型嬌小的野草，最好準備一把鑷子來夾住固定。美工刀也是另一個好幫手。想記錄和素描則需要準備好尺與野帳本。

最近廠商還推出了很多款迷你顯微鏡，方便放大觀察。這些顯微鏡不過掌心大小，卻連細節都能看得一清二楚，實在令人嘖嘖稱奇。有些類型還可以連上電腦觀看。

智慧型手機用的微距鏡頭
現在有智慧型手機專用的外接式鏡頭，百圓商店也買得到。在液晶螢幕上確認放大的影像，不僅可以多人同時觀看，還能拍下來。

利用數位相機的微距拍攝模式拍照，把拍下來的照片用液晶螢幕放大觀察，不但可以當場多人一起欣賞，還能留下照片紀錄。

最近廠商推出智慧型手機用的夾式外接鏡頭，用智慧型手機觀察微觀世界和拍照都變得輕鬆簡單。拍照時在液晶螢幕上確認和對焦，連影片都能拍。

另外，目前也出現能把手機當放大鏡用的免費APP，連遠方的物體也能放大二至十倍，可以用來代替望遠鏡。手機的條碼掃描功能也能當放大鏡用。

順便告訴大家一個小訣竅：把望遠鏡倒過來看就能當放大鏡用，大家不妨試試。

把野草做成藥

　　昔日人們會利用身邊的植物來做成藥或是養生茶。在那個藥物跟醫療都還不發達的年代，藥草是重要物資。

　　例如魚腥草便是大家熟悉的藥草，具有十種功效，所以日本人又把魚腥草稱為「十藥」。用葉子煮成的魚腥草茶具備多種功效，可以排毒和預防高血壓等等。我祖母會用蜂斗菜（現在是用鋁箔紙）把生的魚腥草葉子包起來烤一下，再把融化的葉子貼在癤子上。過去人們把魚腥草當作常備藥物，種在隨手可得的地方，直到如今，應該很多人的家附近都還有魚腥草吧。最近研究發現魚腥草臭味的成分有抗菌的效果，果然老人家的智慧不可小覷。

　　虎耳草也是重要的常備藥物。小孩子痙攣發作時，大人會馬上衝去院子裡摘虎耳草的葉子，擠出汁液讓孩子含在嘴裡。虎耳草是常綠植物，一整年都採得到。它不僅能治療耳朵流膿或是腫包，也是食用植物。天胡荽的日文是「血止草」，用途正如其名，有止血的功效。小學時和朋友在戶外玩耍時，朋友受了傷，我擠一些天胡荽葉子的汁液滴在朋友的傷口上，又貼上葉片，幫他呼一呼，再「秀秀」一下就好了。

　　台灣蛇莓的果實泡燒酒可以做成治療蚊蟲叮咬的藥，疏花繁縷的乾燥粉末和鹽混合做成「繁縷鹽」是古人的天然藥用牙膏。金錢薄荷、車前草、野艾的葉子、薏苡的果實和蒲公英的根都能做成養生茶，部分茶飲直到現在還受到大家歡迎。

　　朋友之前跟我拿了魚腥草，說是葉子的汁液可以治療痔瘡。我來打通電話問問他效果如何吧。

野草的科學

野草利用人類繁衍傳播

一般對於野草的定義是「生長在人類不希望出現的地方，對人類沒有用處，而且有礙生活或生產製造活動的植物」。這種看法完全是以人類為中心，試著換個角度，從植物生長的觀點來思考何謂野草吧！

野草來源多元，外表各具特色，唯一的共通點是生長在人類的生活圈，利用人類來繁殖擴張。

自然界的植物在山林等嚴苛的自然環境和激烈競爭之下，死守自己的地盤。既然當地的原住民已經各據山頭，野草自然沒有進入的餘地。但是當人類進入森林，開闢道路、田地或是造鎮時，便會出現沒有植物的空白地帶。這正是野草大舉入侵的好機會，佔領之後便立刻成長繁衍。

例如路旁常見的虎杖，原本在大自然裡是生長在火山的礫石地或是裸地等天然的空地，由於原本的生長環境就類似乾燥的空地，天生具備成為野草的素質，遇上人為開墾而造成的空地，自然能順利入駐棲息。

這些進入人類生活環境的野草和人類一樣，具備優秀的能力，歷經千錘百鍊才得以順利成長繁衍。藉由鍛鍊野生植物特有的能力和技巧，適應人類建立的新環境，完成演化，進而子孫滿堂。

旺盛的繁殖力

野草的繁殖力強大，多數的作法是製造大量而微小的種子，乘風四散遠去。這種戰術正是所謂亂槍打鳥。不過這種作法會自然提高飄到空地的機率。空地原本就光線充足，冒出芽來便能充分沐浴在陽光之下，迅速成長。田地或花壇裡可見的野草多半是一年生草本植物，長出種子便會枯萎死亡。葉子的能源全部用在生產種子。當環境不適合生長時，種子會自動休眠，等待時機。有些種子甚至會休眠上好幾年，例如月見草的種子

壽命長達八十年。土壤中一直有種子的庫存，等到環境變得適合生長便自動發芽。有趣的是，這些種子不會全部一起冒出頭，部分會選擇持續休眠。這應該是一種避險策略，以免因為除草或耕作導致所有種子全滅。

至於遙遠的河灘、或是填海造地等破壞（生態學專有名詞是「擾動」）頻率比較低的環境，已經是多年生草本植物的地盤。例如北美一枝黃花是利用地下莖繁衍。一開始只有一根地下莖，隔年便能增加到五十根。白茅的地下莖則是跟地下鐵沒兩樣，往地下深處橫向發展，甚至可以鑽到地下一百二十公分深。農業機械無法抵達這種深度，因此就算翻動土壤也難以消滅白茅。只要留有地下莖的碎片，便會春風吹又生。

臨機應變的成長方式

山林中的花草，發芽跟開花的時間固定，野草則是配合環境調整。例如鼠麴草和寶蓋草一般都是在秋天發芽，春天開花，卻可能受到割草或耕作的時機影響而改為夏天發芽，秋天開花。一年生的野草只要環境條件合適，馬上就能發芽、開花、結果，不受季節影響。野草不僅是發芽與開花時期會隨時調整，連尺寸大小都不統一，有時會發現很小的植株也能開花。以長莢罌粟為例，一般高四十公分，花朵直徑五公分，但是也曾發現過高五公分的長莢罌粟只開了一朵直徑一公分的花。薺菜與彎曲碎米薺也出現過高度僅有兩公分的植株上開出兩、三朵花。一年生草本植物一定要留下種子，才能延續生命。從這些野草想盡辦法製造種子，可以感受到它們為了繁衍生命是多麼努力。

雌蕊與雄蕊自動共結連理

山林中的花草多半具備「自交不親和性」這種特性，意味只能跟其他植株的

花朵受粉結果。昆蟲搬運來其他植株的花粉受精可以擴大基因多元化，因應環境變化與病蟲害等等。另外也有許多花朵是錯開雌蕊與雄蕊成熟的時間，避免自花授粉。

但是野草沒有多餘的心力煩惱自花授粉的缺點，畢竟不趕快製造種子就沒辦法培育下一代。為了避免沒有昆蟲或是附近沒有相同種類的夥伴導致無法繁衍，有的野草雌蕊和雄蕊的位置十分接近，也不避免自交不親和性。

例如野老鸛草和薺菜等野草的雌蕊與雄蕊十分靠近，又會同時成熟。有時昆蟲會運來其他植株的花粉，但是它們沒有其他花粉也能自花授粉。一年生草本植物的野草多半是自花授粉。

鴨跖草的作法就更積極了。花朵謝了之後，雌蕊和雄蕊會自動捲曲，確保自花授粉。

自花授粉由於是近親交配，會對遺傳帶來負面影響。但是野草著重生產種子勝於促進基因多元化。自花授粉代表只有一棵植株便能繁衍生命，在沒有昆蟲的荒地也能順利製造種子。

既然無需昆蟲協助，自然不需要特意利用花瓣宣傳。所以野草的花朵總是細小樸素。把野老鸛草和中日老鸛草的花朵放在一起，立刻一目了然。前者是自花授粉的野草，後者是靠昆蟲協助受精。減少了用在花瓣上的成本，就能把更多資源能來生產種子。

持續增加的外來物種

最近從國外入侵日本的外來野草急速增加，尤其以都市與工業區居多。這些地區的植物種類數量約三成是外來物種。北美一枝黃花與三裂葉豬草等大型外來植物大幅改變了草地與河灘的景象，不僅減少原生植物的數量，還會影響昆蟲和動物等當地的生態系統。例如西洋蒲公英甚至取代了原生的蒲公英；或是相近物種的原生植物與外來物種雜交，導致

原生植物的基因遭到汙染。

為什麼外來物種會愈來愈多呢？一共有三點理由，第一點是全球化導致來自海外的貨運及人類移動日趨頻繁，進口種子或是摻入、附著使得外國植物入侵的頻率明顯提高。第二點是日本國內出現愈來愈多大型開發案，各地都有空地或是填海形成的陸地，最適合外來物種入侵繁衍。過去日本缺少乾燥的裸地，這些來自乾燥地帶的外來植物進入裸地不需擔心有其他植物來競爭。第三點是新的外來物種沒有天敵，缺乏吃葉子的昆蟲或是寄生在植物的菌類，沒有任何阻止繁衍的因素，自然生生不息。

外來物種其實入侵不了森林或是草原，卻會因為道路工程、河川截彎取直與開發等人類的行為，而造成裸地出現，帶給外來物種入侵的機會。日本政府指定對生態系統造成嚴重影響的外來物種為「特定外來生物」，禁止栽培或移動。

尋找身邊的野草吧！

田地、花壇和路邊的野草都會遭到清除，嚴重影響生態系統的野草也一定要移除。不需要湧起同情心，這就是野草的命運。

但是生活在都市，野草卻是有趣又容易接近的觀察對象。野草沒有特別改良過的美麗花朵，不過葉子、花朵和果實卻充滿生存所需的智慧與小訣竅。正因為是野草，摘下花朵和葉子也無所謂，是小孩子體驗自然時不可或缺的存在。

在都市裡，庭院、公園和路邊的野草叢聚，是蚱蜢、螳螂、蜘蛛等昆蟲和小動物珍貴的巢穴。出現各式各樣的野草，代表昆蟲的種類也會隨之增加，連帶出現捕食昆蟲的青蛙與野鳥，促進生物多樣性。

你看！那裡有野草！拿出放大鏡看看野草的葉子跟花朵吧！或許你也會發現到前所未見的百寶盒！

索引

*依首字筆畫順序排列
細字是在解說或專欄內文介紹的植物。

特別感謝　陳建文

林業試驗所植物園組聘用助理研究員審訂本書專有名詞。

攝影協力

香川長生、川瀨美幸、佐佐木光正、小林由佳、御巫由紀、木下美香、小山京子、東京大學研究所農業生命科學研究科附屬演習林與千葉演習林、東京大學研究所理學系研究科附屬植物園與日光分園、東京理科大學野田校區一百周年紀念理窗會自然公園。

主要參考資料

《改訂新版 日本的野生植物》（平凡社）、《山溪攜帶型圖鑑 野外的花朵 增補改訂新版》（山與溪谷社）、《小學館圖鑑NEO花》（小學館）、《日本歸化種植物寫真圖鑑》（全國農村教育協會）、《周遭的草木果實和種子手冊》、《昆蟲聚集的花朵手冊》（文一綜合出版）、《身邊野草的愉快生活方式》（草思社）、「松江的花朵圖鑑」（https://matsue-hana.com/）、「福原的網站（植物形態學、生物照片集等等）」（https://staff.fukuoka-edu.ac.jp/fukuhara/index.html）、「BotanyWEB」（https://www.biol.tsukuba.ac.jp/~algae/BotanyWEB/）。

微距攝影の野草之花圖鑑：

放大百倍！微觀足下野花野草的肌理、構造，學會辨識技巧

美しき小さな雑草の花図鑑

攝　　影	大作晃一
文　　字	多田多惠子
譯　　者	陳令嫻
審　　訂	陳建文
封　　面	Mollychang.cagw.
排　　版	詹淑娟
責任編輯	詹雅蘭

行銷企劃	王綬晨、邱紹溢、蔡佳妘
總 編 輯	葛雅茜
發 行 人	蘇拾平

出版　　原點出版 Uni-Books
　　　　Email: uni-books@andbooks.com.tw
　　　　電話：（02）2718-2001 傳真：（02）2719-1308
發行　　大雁文化事業股份有限公司
　　　　105401 台北市松山區復興北路333號11樓之4
　　　　www.andbooks.com.tw
　　　　24小時傳真服務（02）2718-1258
　　　　讀者服務信箱 Email: andbooks@andbooks.com.tw
　　　　劃撥帳號：19983379
　　　　戶名：大雁文化事業股份有限公司

初版一刷　2021 年 7 月
ISBN　　978-980-06634-8-8
ISBN　　978-986-06882-6-9（EPUB）
定價　　450 元

國家圖書館出版品預行編目(CIP)資料

微距攝影的野草之花圖鑑：放大百倍！微觀足下野花野草的肌理、構造，學會辨識技巧/大作晃一攝影、多田多惠子文字；陳令嫻譯. -- 初版. -- 臺北市：原點出版：大雁文化事業股份有限公司發行, 2021.07
176面；17x18公分
譯自：美しき小さな雑草の花図鑑
ISBN 978-986-06634-7-1(平裝)

1.種子植物 2.植物圖鑑 3.植物攝影

377.0025　　　　　110011399